比小说更好看的理财故事书：巴比伦富翁的秘密

[美] 乔治·克拉森◎著

翁语婕◎译

立信会计 出版社

LIXIN ACCOUNTING PUBLISHING HOUSE

图书在版编目（CIP）数据

比小说更好看的理财故事书：巴比伦富翁的秘密 /
（美）乔治·克拉森著；翁语婕译. -- 上海：立信会计
出版社，2018.8
（时光新文库）
ISBN 978-7-5429-5839-6

Ⅰ.①比… Ⅱ.①乔…②翁… Ⅲ.①财务管理—通
俗读物 Ⅳ.①TS976.15-49

中国版本图书馆CIP数据核字（2018）第139664号

策划编辑　蔡伟莉
责任编辑　余　榕
封面设计　李爱雪

比小说更好看的理财故事书：巴比伦富翁的秘密

出版发行	立信会计出版社	
地　　址	上海市中山西路2230号	邮政编码　200235
电　　话	（021）64411389	传　　真　（021）64411325
网　　址	www.lixinaph.com	电子邮箱　lxaph@sh163.net
网上书店	www.shlx.net	电　　话　（021）64411071
经　　销	各地新华书店	

印　　刷	保定市西城胶印有限公司	
开　　本	880毫米×1280毫米	1/32
印　　张	7	插　页　1
字　　数	121千字	
版　　次	2018年8月第1版	
印　　次	2018年8月第1次	
书　　号	ISBN 978-7-5429-5839-6/T	
定　　价	32.00元	

译者序 | 通向财务自由之路

中文的"金融"和"财务",在英文中对应的单词是同一个,都是"Finance"。

对个人而言,学习金融最终都是为了追求财务自由。

在理解"财务自由"之前,请让我解释两个概念。

金融学把一个人的收入划分为工作性收入和资产性收入两部分。

取得劳务报酬和薪水等收入的前提是你必须投入时间和精力去工作。因此这些收入称为工作性收入或主动收入,其特点是你不主动争取就无法获得。

勤劳工作的人,大致都可以获得一份不错的薪水——工作性收入,然而由于不懂得金融常识和理财方法,这些人终生都可能未曾体验过什么是财务自由,因为实现财务自由的关键是在工作之外获得资产性收入。

存款的利息、房屋的租金、股权的红利……这些都是资产性收入，无论你身在何处所做何事，这些收入都是源源不断的，因此资产性收入也称为被动收入。

当某人的资产性收入大于生活开支时，生活的维持就不再依赖于工作所带来的收入，此人在财务上就获得了不工作的自由，他就处于财务自由的状态。

任何人都希望实现财务自由，过自己想要过的生活，做自己想要做的人，而要实现这一点，就要先拥有资产性收入。资产性收入越多，实现财务自由的进程才会越快。

一个依靠工作性收入来养家糊口的人，怎样才能拥有资产性收入呢？这个问题也曾困扰几千年前的巴比伦国王。他向当时的国家首富请教这个问题，之后邀请该首富举办研修班来传授其致富思想。这一事迹被记载在你眼前的这本《比小说更好看的理财故事书：巴比伦富翁的秘密》中。

这本书揭示了如何获得金钱、保存金钱以及用钱赚钱的原理和方法。该书的作者是美国金融教育先驱乔治·克拉森。

1926年，乔治·克拉森出版了一系列以几千年前的巴比伦为背景，用寓言方式讲述的关于节俭、创富和理财的小册子来解释他的每一个观点，后来这些小册子被结集出版面世。这本书已经影响了成千上万人的生活，而这些"巴比伦寓言"也因此成为一部金融科普与成功励志的经典名著。

几千年前巴比伦的穷人与富人，与现代的穷人和富人，并没有什么本质的区别。只要现代人用心去体会巴比伦首富阿卡德的七条致富守则并身体力行，任何一个靠工资生活的人都可以开启自己的财务自由之旅；只要现代人虚心聆听巴比伦钱庄老板麦松的忠告，就能理解关于金融风险和审慎原则的核心秘密；只要现代人读懂了巴比伦骆驼商人达巴西尔的故事，就能感受到即使沦落为奴隶，也依然有可能成为富翁……

我相信这本《比小说更好看的理财故事书：巴比伦富翁的秘密》的翻译和出版，将带给读者财富的福音。不仅如此，这本书的思想对国家的繁荣发达也影响深远。书中巴比伦的萨贡王在探寻强国之道时采纳了首富阿卡德的建议，而且这一建议被乔治·克拉森在序言中开门见山地道出："国家的繁荣靠的是藏富于民"。

翁语婕

2018年春

作者序 | 国家的繁荣靠的是藏富于民

国家的繁荣靠的是藏富于民。

个人如何成功理财，是本书《比小说更好看的理财故事书：巴比伦富翁的秘密》的主题。当我们的努力有所收获，就说明我们成功了。行动可能没有思想来得聪明，思想的高明可能也超不过理智，据此而言，作适当的准备是必要的，因为那是成功的钥匙。

本书之所以能被称为"高明的理财指南"，是因为它专门解决缺钱的问题。事实上，使一心求富者具备理财洞察力，在赚钱、存钱以及用钱生钱的问题上帮助他们，正是本书的宗旨。

当代金融的基本原则，现已在全世界范围内得到认可和应用，而其正诞生于巴比伦。在本书的带领下，读者将对巴比伦时代进行一番回顾。

新读者如能通过本书产生新的愿望，本人将十分高兴。对于新读者，本书能激励他们增加钱财的储蓄，同时本书也包含了如何积累财富、如何解决个人财务难题等理财启示。这些也都是读者热切关注的问题。

借此机会，我要感谢遵循巴比伦致富原则而大获成功的商界主管们，因为他们首先赞同了巴比伦的致富之道，其次把这些故事传播给朋友、亲戚、员工和同行，这是对本书最有力的支持。

在古代，全世界最富有的城市就是巴比伦，那是因为它的每一个百姓都是那个时代的大富翁。巴比伦人的生财渠道是源源不断的。他们懂得金钱的价值，用于致富、存钱以及用钱生钱的理财原则也是健全的。而这些正是我们都在热切盼望着的。

乔治·克拉森

目　录

第一章　两个巴比伦穷人的对话

我们有稳定的工作，却因从未想过怎样
去建立自己的财富而活得捉襟见肘。

拜西尔坐在自家低矮的院墙上，一动也不动，伤感的目光盯着自己冷清朴素的家和小工坊。小工坊的门开着，里面有一辆战车的半成品。在巴比伦，拜西尔是一位制造战车的工匠，而在此刻，他就像泄了气的皮球一样。

在大门旁边，有一个人在来回走动，那是拜西尔的妻子。拜西尔看着她不时地用余光看自己，想起自己应该回到工作中去完成那辆战车了，因为米粮将罄，而钱只能从富有的客户那里来。为此他必须交付战车，只能继续钉钉打打，然后修边、打光、上漆，束紧车圈上的皮革。

但是，他那又肥又壮的身体并没有离开矮墙，如同麻木了一样。有一个问题缠绕着他那算不上聪明的头脑，他百思不得其解。骄阳无情地照耀着他的身躯，这种艳阳天，在幼发拉底河流域是常有的。不知不觉地，他双眉之间已经渗出了汗，汗水一直流到了胸膛。

皇宫的围墙耸立在他家门外，巍峨绚烂的贝尔神殿就在更远一点的地方。贝尔是巴比伦的天地之神。除了拜西尔简单的宅院，还有许多简陋得只剩墙壁的房屋，它们都笼罩在这些豪华气派建筑的阴影之下。又脏又乱的简陋巷弄，夹在辉煌灿烂的建筑之间；人人艳羡的巨富和一无所有的穷人，因这座都市的城墙规划或秩序的缺乏而共通互见。这就是巴比伦城的样子。

　　拜西尔身后的景象是：富人的战车招摇过市，路上阵阵喧哗，穿凉鞋的摊贩和没鞋穿的乞丐挤在路的两旁。路上忽然出现国王的一长队奴隶，他们都挑着用羊皮袋装的水，水将倒在宫里的空中花园。于是，就连富人也只得急忙转进贫民窟避让。

　　这些市井的喧哗和纷扰，拜西尔都听不到也留意不到，因为那个问题已经霸占了他的全部思绪。直到熟悉的七弦琴乐声传来，他才忽然停止更深入的思索。乐匠科比来了，他是拜西尔最好的朋友。他的笑容堆满了脸。拜西尔目光回转，端详着他。

　　片刻宁静后，科比说道："愿你享有诸神赠予的安逸，我的挚友。你现在不再工作，这说明他们已经慷慨赐福给你了，你的幸运也令我心生愉悦，甚至你的闲情雅趣也感染了我。愿神明保佑，必让你的钱袋永远鼓满，必让你的工坊常有生意。然而，我需要两舍克勒，不知你能否慷慨解囊。那些贵族今晚照例会举行宴会，结束时我一拿到酬劳，这点小钱就会回到你手里。而在这之前，你也不会有什么损失的。"科比的语气恭敬至极。

拜西尔抑郁地答道："假如我有两舍客勒，那将是我的全部财产，因此我不会借给任何人，哪怕是我最亲近的朋友。就算是最好的朋友，也不要尝试借走他人的全部财产，没有人愿意那样做。"

科比高声说道："什么！既然你身上甚至都没有一舍克勒，那为什么不完成这辆战车？你居然还像一尊雕像一样坐在墙头上！你的欲望虽有高级趣味，但要满足它，你还能有其他什么工作能力吗？我的朋友，你一直都有用不完的精力，现在怎么一反常态了？是不是什么事情在困扰着你，神明把什么困难降在你头上了吗？"科比显然很惊讶。

拜西尔表示认同，说道："我做了一个愚蠢的梦，现在很受煎熬，这可能真是神给我的启示。在梦里，我是个腰缠万贯的富翁，我有数不尽的钱币，可以任意散给乞丐；我还可以随便给我的妻子买绫罗绸缎，买任何我想要的东西，因为我还有无数的银子；而且，我丝毫不用担心未来，因为我有一堆黄金，于是那些银子可以纵情挥霍。我无比满足于这些想象！如果那变成现实，你这个勤劳工作的老朋友，恐怕就不认识我了。我的妻子将露出笑脸，脸上的皱纹将一扫而光，她的样貌，又将变成结婚时娇羞美丽、面带微笑的新娘子一样，虽然她也会觉得我陌生。"

科比也评论道："这个美梦确实能够令人心花怒放，能够带来快乐，可是，你怎么反而变成雕像一般，在墙角闷闷不乐呢？"

拜西尔说："我闷闷不乐？是的，我确实闷闷不乐。那是因为我一醒来就会发现自己实际上是个穷光蛋，我心里就会莫名地涌起一种冲破什么的冲动。关于这个问题，不如由我们一起讨论一番。人们常说我们有相同的处境，确实如此，我们的智慧，是在年轻时一块跟着祭司养成的；长大以后，你我亲密朋友的关系从未中断；我们都在各自的生活中安然度过，虽然工作时间长，但也算能够从容地花钱，于是我们感到满足。我们这些年所赚的钱也不算少，但是，我们现在只能通过做梦来体验拥有财富的愉悦。哎！难道除了两只蠢羊我们什么也不是？"

"巴比伦，这个我们所在的城市，在全世界范围内都是最富有的，是其他任何城市都比不了的，贸易商们都这么说。然而，只听说财富铺满了巴比伦，可我们居然一贫如洗。我最要好的好友来跟我说：'我需要两舍克勒，不知你能否慷慨解囊。那些贵族今晚照例会举行宴会，结束时我一拿到酬劳，这点小钱就会回到你手里。'我不知如何回答。他大半生辛辛苦苦，钱包仍是瘪的。我的钱包一样也是空的。我总不能说：

'来吧，我的钱包就在这里，里面装满了钱，如能跟你分享，我将十分乐意。'为什么我们赚来的财富只能维持温饱，为什么我们没能赚更多？究竟哪里出问题了？"

"想想我们的儿子吧。他们将步其父亲的后尘，他们自己，他们的家人，他们儿子的家人，还有他们孙子的家人，将住在这个城市里，眼看着满地金银却只好喝着腐坏的山羊奶和稀饭。难道不是这样吗？难道真的要这样吗？"

科比说："拜西尔，认识你这么多年，我还是第一次听你这样说话。"他好像有些困惑了。

拜西尔说："这种想法，我之前从未有过。为了建造出最好的、优于其他一切工匠的战车，我每天辛辛苦苦从早到晚地忙碌，我真心期望，我的善行终有一天会得到诸神的悲悯和奖励，祈望他们赐我一笔巨大的财富。可是希望落空了。我之所以感到悲哀，是因为我终于明白，诸神永远不会降财给我。然而，成为富翁，拥有土地、牛群、名贵漂亮的衣服和鼓鼓的钱囊，这些都是我所渴望的。我愿意耗尽我全部的精力、技巧和智慧来实现这一目标。我的辛勤劳作得到合理的回报，就是我的全部希望。我们身上的问题究竟是什么？我还要问你，那些好的东西理应有我们一份，但我们得不到，却全部让有黄金的人买走了，这是为什么？"

科比说："如果我知道答案就好了。你不甘心，我一样也不甘心。我赚钱的渠道是弹奏七弦琴，可赚的不如花的快。为了不让家人挨饿，我经常殚精竭虑、伤透脑筋。我心里也渴望拥有一把足够大的、能让我真情唱出在心头盘旋已久旋律的七弦琴。有了它，我可以把国王从未听过的美妙音乐在他面前弹奏出来。"

拜西尔说："的确，你甜美的歌声在整个巴比伦都无人能比，这样的七弦琴应该属于你。那样一来，你的弹唱不但能让国王相当喜悦，甚至还能愉悦诸神。但是，我们的梦想是不可能实现的，我们都快穷成国王的奴隶了。你听！有铃声，是他们在经过。"拜西尔忽然手指一长列的奴隶，他们身体半裸，正从河里挑水运往皇宫，因过于费力而汗水直流。他们五人一排，成列地向前迈着步子，每一列奴隶的脊背上都担着一大羊皮袋水，一个个脊背都曲成弧形。

见到没挑着水只是摇铃开路的人，科比说："奴隶们的那个导路者，十分出众的样子，在这个国家里，他很抢眼。"

在这一点上拜西尔感受颇深，并说："而且，奴隶队伍里也有了不起的人，他们有很多跟我们一样，懂得某种技艺。里面有来自北方的人高马大的金发男士，有来自南方的面带笑容的憨厚黑人，有从各个邻国而来的棕色皮肤的矮个子。日复一日年复一年，他们一起卖力地往返于河里和皇宫花园。对快乐的期望，已经消失在他们心中。他们睡觉的床用稻草铺就，他们所喝的粥用粗谷粒煮成。科比，这些人就像驮东西的牲口一样，真可怜！"

"他们确实可怜，我也有同感。但是，在我看来，我们虽然声称自己是自由的，却并不比他们强多少。"

"这恐怕是事实，尽管想到就会难过。科比，一年一年地像奴隶一样活着，除了无休止地工作外，我们一无所有，难道这是我们想要的吗？"

科比提议说："我们如果向他人讨教获取黄金的办法，再加以模仿，不也是可行的吗？"

此话引起了拜西尔的思考，他答道："我们可能也会懂得一些窍门，如果真的去求教个中高手的话。"

科比说："我刚才见阿卡德驾着金色战车过去了。他是我的老朋友。这个人跟其他富人不一样，不会轻视我们这些小人物，这一点我敢打包票；他反而向我挥了挥手，并友善地对我笑了笑。啊！他向乐匠科比打招呼了！路边所有人都看到了！"

"听说，整个巴比伦数他最有钱。"拜西尔想到就说了出来。

科比答道："国王都把他召去，问他有关金钱的事了，可见他多么有钱了。"拜西尔在此时打断了科比："竟然富有到那样的地步！他的腰包应该很鼓吧，如果我在黑夜偶遇他，非从里面顺出一把银子来不可。"

科比训斥道："腰包里怎么盛得下一个人的财富，你那不是胡说八道吗！再饱满的腰包，如果没有黄金如河流一般注入，势必很快就会变得空空如也。就算阿卡德一掷万金，他的钱包永远是满的，因为他的收入总会把它填满。"

拜西尔突然大叫道："啊！对了，就是它，收入！拥有一份永不消失、源源不断地填充我腰包的收入，正是我一直期盼着的。那样不管我在墙边呆坐还是远游，都将高枕无忧。至于怎样获得这样的收入，阿卡德一定是通晓的，只是我脑筋比较笨，他会把自己的致富经耐心地讲解给我这样的人吗？"

科比的回答是："酒馆里传出了他儿子洛麦希尔独自到尼尼微城并成了那里的首富的消息。他可没有阿卡德在身边施以帮助。我敢断言，他已经把致富之道传给自己的儿子了。"

拜西尔再次双眼露出光芒，说道："你让我突然有了一个绝妙的想法。我们的钱袋，去年就空无一物，跟猎鹰的窝一样了，但那又有什么关系呢？我们可以免费向好朋友讨教有关理财的智慧良言，而且，那一向是阿卡德乐意的。成为富翁不是我们的共同愿望吗，让我们去找阿卡德吧。我们要在如何同样获得无限收入的问题上好好请教他。"

科比说："拜西尔，你言语间的兴致真高。我听了你的话，感悟到了新的东西，而且我明白了一点，因为我们从未付诸实践，我们才一直没有找到致富的门路。在制造巴比伦最坚固的战车上，你不辞劳苦，你的耐心已经足够了。你已经为赚钱而付出最大努力了，结果，你在战车工艺有了很大成就。我的成功则在音乐方面，作为一个七弦琴乐匠，我也为了拥有最高超琴艺而付出了努力。诸神肯定满意于我们在各自的方向上付出的最大努力和成功，也不会剥夺我们的成功。现在，就像伴随日出的光亮，我们终于看见了一道指引我们学习更多知识以获得财富的曙光。这些体会和认识，应该会带领我们找到实现愿望的有效方法。"

拜西尔想更进一步，催促道："我们要去找阿卡德，就在今天！还要带上我们的那些儿时伙伴，他们目前的处境跟我们差不多。我们要一起请教阿卡德，请他把理财方面的高见分享给我们。"

科比说："拜西尔，我明白你为什么会有那么多朋友了，因为你总是周到地为他人考虑。如你所言，我们今天去找他们，然后一起拜访阿卡德，就这么定了。"

第二章　巴比伦首富也曾一贫如洗

坚持存下收入的十分之一。用自己的积

蓄去享受生活，才能激发你更大的动力。

从前有个叫阿卡德的巴比伦人，无论远近的人们都知道他非常富有。同负盛名的，还有他的慷慨：他心地善良，经常布施穷人；无论为家人花钱，还是为自己花钱，他都毫不吝啬。但是，他的财富每年都在增加，钱花得再快，也没有收入增加得快。

　　在他年轻时就和他认识的朋友们这样对他说："阿卡德，你已经成了全巴比伦的第一富翁，而我们依然苦苦挣命，只为填饱肚皮。你比我们有钱，无论金银珠宝，还是锦衣玉食，你都可以尽情享用，而让我们内心满足的，只是努力维持家人的温饱而已。然而，我们在向同一位老师求学时，并没有差别，都是一起玩游戏。你在学习和游戏上不比我们强，你在后来的几年里也跟我们并无差距，也不过是一个普通人。我们对你在工作上的判断是，你勤劳或忠心的程度都不如我们。但是，命数无常，它为什么单单让你享有了人生的一切美好的东西？相比之下，我们也同样配得上这些享受，命运为什么没有看到我们？"

阿卡德给了他们如下忠告：

如果说你们这些年所过的生活，只是勉强度日，那是因为你们尚未懂得或实践理财的方法和诀窍。

捉摸不定的命运女神是凶恶的。她不会把永恒不变的东西赐给任何人，如果谁想不劳而获，她反而会让他一无所有。挥霍无度的人，正是她创造出来的。只需极短的时间，他们就能散尽手中的所有财富，只剩贪欲，再也得不到满足。有一些蒙幸运女神垂怜的人，却变成了守财奴。他们心知，自己没有一项才干可以挣到被赐给的财富，于是唯恐花掉它们；同时，他们对横遭劫掠也极度害怕。就这样，他们空虚，脱离人群，活在悲惨之中。

那些轻松获得财富并在自己经营之下增长了更多的财富的人，也是存在的，他们的生活一直是欢乐而满足的，但是，这种人少之又少，我一个也没有见过，只听过有关他们的传闻。你们想想吧，那些巨大财产继承者的情形，是不是跟我说的一样？

对此，阿卡德的朋友们都不否认。那些因继承大笔遗产陡然而富的人，在他们的记忆中确实落了那样的下场。阿卡德被朋友们请求阐明自己的致富之道。于是阿卡德接着说：

　　我曾在年轻时审察人生中的一切，发现有许多东西可以使我们收获快乐和满足。我最后的结论是：更能给人带来快乐和满足的东西，是财富。

　　财富是一种力量，有钱可以实现许多事。买高档家具来美化房间，邀朋友到世界各地旅游，吃遍所有的珍馐美味，购买金匠和宝石工匠精雕细琢出来的金银珠宝——有了钱，这些都能实现，甚至可以盖几座富丽豪华的神殿；其他所有事情，只要能够满足你的感官，愉悦你的灵魂，你都可以做。

　　明白了这些，我就下定决心，人生中的这些美好事物，我一定要拥有。徒然站在远处羡慕地看着别人享用，那不是我所愿意的。最便宜的衣服虽然不失体面，但无法让人感到满足。当穷人就更不是我想要的了。我要迈入贫穷的反面，我要以贵宾的身份参加人生这场盛宴。

　　我是个小商人的儿子，人多使得财产继承没有我的份儿。这些你们都了解，而且，过人的能力或才智都不是我所具备的，这一点你们也一定看出来了。因此，我决定在赚钱理财方面多用些时间和多下些工夫，还要研读几本书，只有那样才有可能实现我的目标。

每个人都有用不完的时间，可你们没有用它来致富，徒然让它流逝了。你们现在可有什么值得夸耀的？恐怕只有家庭的幸福美满吧，那理应让你们感到自豪。

说到研读，有学而知之和不断实践而知之两种学习方法。通过后一种学习方法，我们又可以学到发现未知之物的方法。这些不都是智慧的导师教给我们的吗？

于是，我决心找到累积财富的诀窍。一经发现，我的首要工作就变成了全力增加财富。地府的幽暗时刻在前方等着我们，而我们现在沐浴在灿烂的阳光之下，因此何不在坠入黑暗之前尽情享受？难道说，这样做算不得聪明？

我在官府文史纪录厅谋到了一份刻泥版①的工作。这份工作占用了我一天中的大部分时间，我一周

---

① 在中国人发明的造纸术出现之前，古代的中国人先把文字刻在龟甲上，这种文字被称为甲骨文；后来又把文字刻在竹片上，这种文字被称为竹简。古巴比伦人则是把文字刻在泥版上。

接一周、一月接一月地无休止地工作，但还是存不下多少钱。我的所有收入，刚好只用在吃饭、穿衣、祭祀等日常用度上。但是，这一切完全没有动摇我的决心。

有一天官府里来了一个叫安加米西的人，他是开钱庄的，想要第九条法令的抄本。他要求我必须要两天之内刻好这个法令，事成之后将有两个铜钱的报酬。

为此我拼命加班，可惜直到安加米西过来取件时我也没有刻完。那条法令太长了。如果我是他的奴隶，恐怕免不了他的一顿暴打；我能感觉到他的极度恼怒。但我毫不畏惧，因为官府里的大人不会让他打我的，这一点他肯定也知道。我对他说："你那么富有，能否传授我致富窍门？如果你愿意告诉我，我愿意熬夜帮你赶工，我一定能在明天日出之前刻完这块泥版。"

安加米西脸上露出了笑容，说道："你这个仆人倒算长进，不过，如果你完不了工，这个交易就没得商量。"

因此，在那一整夜，我腰也痛，背也痛，熏在油灯的气味里，不时头疼，眼睛几乎看不见，但我一直在拼命地刻。天亮时，他急忙来取货，而我已经刻好了。

我说："你现在要履行承诺，告诉我如何致富。"

安加米西说："年轻人，你想知道的那些事，是我跟你交易的一部分，我会说出来的。我上了年纪，而絮叨是老年人的习惯性行为。接受年轻的人求教时，老年人一定会把他长年累积的智慧倾囊相授的。然而，在年轻人看来，老年人所通晓的智慧，总是一些过时的毫无用处的东西。但是，你父亲出生时的太阳，跟今天升起的没有两样，这同一个太阳会永远高挂，甚至会照耀到你的最后一个孙子入土时。我们不能忘记这一点。"

"年轻人的智慧当然也会闪烁光芒，但如同流星一划，而老年人的智慧则仿佛是恒星般静止不动，它所发出的光芒，是经久不变的，可以指引水手找到方向。我的话包含着真理，所以你一定要记住，否则就理解不了它们，还会产生今夜徒然辛苦一场的错误印象。"

接着，他向我投来锐利的目光，并且低沉顿挫地说："我发现致富门路之时，就是我决定为自己留出所有收入的一部分之时。你可以模仿我的做法。"说完，他继续以想要看穿人的目光凝视着我，一句话也不说。

我问道："仅此而已吗？"

他回答说："一个善良的牧羊人听了这些话，在内心来说，他会变得跟债主一样。"

我追问道："可是，我赚来的所有钱财本来不就是我的吗？"

他说："事实并非完全如此。裁缝师、鞋匠是不是又赚走了你的钱？你不用花钱买吃的、买穿的吗？不花钱，怎么在巴比伦生活？你现在还有多少上个月赚下的收入？去年的呢？你总是把钱支付给别人，唯独忘了自己，这多么愚蠢。傻瓜，你的辛劳，全是为人作嫁！这跟奴隶为其主人效劳有什么区别？反之，如果把十分之一的收入为自己积攒起来，十年后你的钱财会是多少？"

我还算有点计算能力，答道："差不多等于我一年的收入。"

我的回答遭到了他的反对："只能说，你说对了一半。你存下的每一块黄金都可以像奴隶一样回馈你。每块黄金还有孩子，就是你通过它辗转得到的铜钱，而铜钱还能为你生钱。必须让你储存的钱有能力生钱，而生出来的小钱还能生更多的钱，才有可能富裕起来。你渴望财富，就必须依赖这大大小小的所有的钱。"

他继续说："如果你觉得我只是在骗你为我熬夜加班，然后说这些话应付你，那就错了。它们是真理，如果你足够聪明能够听懂，那么，我将回报给你的，是你所期待利益的一千倍。

"可以让你为自己存下的，只能是你所有收入的一部分。每次留存的数量，不能低于收入的十分之一，哪怕收入再少也必须保证所存钱的比率大于十分之一。学会先为自己存钱，至于那些衣服和鞋子，如果余钱不足以支付，就不买；还要在吃饭、救济穷人和祭拜诸神等方面预留出钱财。

"财富如同是一棵树，它能够长高长大，全都始于一粒小小的种子。那种子就是存下的第一个铜钱。种下种子，财富的大树才能指日可待，其生长速度随着你播种速度的加快而加快。你若想及早在树荫下乘凉，就要尽可能忠实地培育和灌溉它，也就是经常存入钱财。"

他说到这里就拿起泥版走了。

他告诉我的那些话，一直在我头脑里盘旋。它们是非常有道理的，于是我决定照做。每次买东西，我都从要付钱款中抽出十分之一，并存起来。然而我并没有比以前少了什么的感觉，这说起来倒是件怪事，对比我以前的生活水平，省下那十分之一的钱，并没有产生很大差距。然而，我总是面临着考验，当由骆驼驮来或由商船从腓尼基运来的那些好东西被商贩摆放出来的时候，我总想从我开始增多的存款中花一小点购买它们。幸好我最后放弃了，我相信那是十分明智的。

安加米西在十二个月后找到我，并问："年轻人，你有没有在过去一年里把十分之一的钱留给自己？"

我的回答中带着骄傲："老先生，我确实那样做了。"

他看了我一眼，然后说："很好，这些钱你都用在什么地方了？"

我说："我全都给了阿兹慕，他是个砖匠。他说他经常四处远游，能够到达腓尼基的提尔城，会为我把腓尼基的稀世珠宝买回来。按照约定，我会高价卖出他带来的珠宝，然后我们利润平分。"

安加米西喊着说："你居然相信一个砖匠会懂得珠宝！你如果想知道关于星星的知识，难道会去请教一个面包师？不能那样，而是应该请教一位天文学家，只要你稍微有点脑子就知道这样做。年轻人，你的积蓄将有去无回，在帮助这棵财富之树生长上，你犯了个盲目的错误。从头再来吧！下次，你要向珠宝商求教珠宝方面的良言，要知道牧羊人那里才有你想知道的关于羊的事。我们可以免费学习关于某一专业方面的诀窍，但你要注意，只有值得的部分才能采纳。你想知道储蓄方面的知识，却找了个没有任何存钱经验的人，你只会得到错误的忠告，而且当你明白这一点时，你所有的积蓄已经打水漂了。看来，傻瓜非得受点罪不可！"他的声音近乎咆哮。

说了这些，安加米西又走了。

结果，砖匠遇到了一群腓尼基混蛋，他从他们手里买来的"珠宝"，全都是一文不值的玻璃。事情果然跟安加米西预料的一模一样。我再次听从了他的教诲，继续把十分之一的铜钱存下来。对我来说，存钱已经没有什么困难了，因为它已经变成了一个习惯。

十二个月过去了，在文史纪录厅中，安加米西再次过来问我："从上次见面到现在，事情是怎么发展的？"

　　我答道："我再次坚持努力存钱。我把存款给了盾匠艾吉尔，让他去买铜材，而他付给我利息，每四个月一次。"

　　安加米西说："确实不错，那你又是怎么利用这些利息的呢？"

　　"满足我的胃口，我买了蜂蜜、美酒和蛋糕。我还买了一件鲜红色的袍子。我还想有一头驴骑，总有一天会买到的。"

　　安加米西大笑一声，说："你的钱子钱孙，都被你吃掉了。你想让钱财为你所用，想让它们继续为你生钱，就不能把它们都花掉。把一堆黄金作为你的奴隶，这才是你应该先做的，这样你才可以在无数宴乐中持续享受，任何懊悔都是多余的。"说罢，他又走了。

　　他在后来的两年都没有出现，他再次出现在我面前时已经非常老了，皱纹堆满脸庞，眼睑严重下垂。他问我："阿卡德，你做富翁的梦想成真了吗？"

我回答："距离我预想中的样子还差一些，不过，我现在积攒下了一点财富，并且能够收入更多，因为我学会了用钱生钱的方法。"

他再问："对于砖匠的忠告，你还在照做吗？"

我答道："砖匠只能给我关于造砖方面的金玉良言。"

他说："首先是量入为出，其次是求教那些通过实践锻炼出才干的人，最后是让黄金为己所用的方法。阿卡德，这些功课你已经全部掌握了。我都老成这副样子了，我那些儿子，却整天在只花不赚的美梦中堕落。我怕我自己无力再管理那无比巨大的产业了。我想，可以把这个重担托付给你了，因为你已经通晓了攒钱、存钱和用钱之道。如果你愿意帮我管理我在尼普的地产，我想我们可以成为合作伙伴，我的财产可以分给你一份。"

于是，我前往尼普，他在那里有一大片产业，在我的管理下，他获得了更多财富。除了我的雄心壮志，也更是因为我对成功理财的三大法则已然精通。同时，我自己的财富也堆聚起来，还有一些财产是安加米西生前通过法律程序遗留给我的，他去世之后我就继承了。

　　说完故事，阿卡德的一位朋友说：“你竟然成了安加米西的继承人，这真是莫大的幸运。”

　　阿卡德说：“假设有这样一个渔夫，不管风向怎么变动，他都能捕到鱼，而这是他钻研鱼类习性多年的回报，你们还能说那是他的幸运吗？变得富有是我遇见安加米西之前就有的渴望。或许幸运只会降临到坚持如此渴望的人的头上。在持续储存收入的十分之一这一点上，我是有毅力、有耐心的，开始那四年不就是明证吗？任何一个没有做好准备的人，都不会受到傲慢且捉摸不定的机会女神的垂青。”

　　此时，阿卡德的另一位朋友说：“一年的积蓄化为泡影后，你还能坚持存钱，不得不说你的意志力十分坚强。在这一点上，你是超乎常人的。”

　　“意志力！这是多么空洞的言语。骆驼都扛不了或牛群都拉不动的重担，难道人可以办到？你不会真的以为意志力能给人那样的力量吧？意志力只是坚定的决心，只有助于完成预定的任务。如果某项任务是我为自己所设定的，自然应该矢志不渝地执行直至完成，哪怕它再怎么微不足道。”他竟遭到了阿卡德的反驳。

"我有了这种自信就足够了，就能够做成一件大事。假设有这样一个任务，在未来一百天里，每次经过那架通往城里的桥梁，都在路上捡起一块石头，并投入河里，如果这是我需要做的，我就一定会严格执行；如果我第七天忘了丢石头，我不会用'明天再补一块就可以了'来劝解自己；即便到了第二十天，我也不会用'算了吧，阿卡德，每天丢一块太慢了，干脆今天一次性把以后的也丢进去吧'来改变进程。那种说法和做法，我都不会采取。只要我为自己定下任务，就必定完成。我非常慎始敬终，一开始就不找困难和不切合实际的事做，因为我喜欢悠闲。"

又有一位朋友说："假定你的话都很正确，人人都应该适时迈出第一步并坚持到最后，这似乎就是你的观点。但是，如果每个人都能做到这些，人人都要分得财富，那么世上的财富怎么够用？"

阿卡德说："财富自己会增长的，只要人们真的努力了。难道说，有钱人支出黄金为自己新建一座豪华的宅院，那些黄金会凭空消失了吗？没有，其中一部分，流到了砖匠手里，一部分流入了建筑工人那里，还有一部分进了设计师的口袋——富翁所付黄金的总额，一部分一部分地分到了所有这座豪宅的参与者身上。再者说，这些黄金的价值，不是全部转移到了已完工的宅院上了吗？这座豪宅增加了这块地皮的价值，不是吗？它周围的地价也会因此而提升，难道不是这样吗？财富会以相当神奇的方式增长，增长的极限无人能测。利用商船从海外赚回钱财，然后在沿海荒芜地带选址，腓尼基人的许多城市难道不是这样建起来的吗？"

又有另一位朋友追问说："时光荏苒，我们已经不再是壮年，至今积蓄甚微，你究竟要给我们怎样的致富良言？"

阿卡德回答："我的建议是，你们应对自己说：'我要为自己存储所有收入的一部分。'也就是说，你们应该采纳安加米西的真知灼见，而且要时刻用这句话提醒自己，每天早晨起床时、正午时分、晚上入睡前，都要说一遍；要让这些字变成在天空闪烁光芒的火焰，在那之前要坚持每个小时如此自我提醒。"

"让你的全部心思都集中在这句话上，以使它在心中变得足够深刻。接下来要做的，就是按照里面实际而明智的内容去做，即进行每天存下多于十分之一收入的自我训练。抽出其他开销的十分之一并攒下来，如果有必要的话，这也是应当的。然而，保持那固定的十分之一是首要的——你很快就会明白，拥有属于自己的一笔财富，那是一种绝妙的感觉。你的快乐会随着财富的增加而增多。令你满足的是，你会遇到人生中新的快乐，这自然也就成了你加倍努力积攒财富的动力。因为，你自己可以操控的钱财，会随着你积蓄钱财的增加而增加。难道不是这样的吗？"

"接下来要学的，就是把你的财富变成你的奴隶的方法，也就是让钱生钱，让钱子生钱孙，并再让它们为你生钱。"

"你变老的那一天迟早会到来，看看你周围的老人吧！因此要保障自己将来的生活，这是必需的。因此，在投资时就要十分谨慎，如果看到可能的损失，就不要去投资。比如，放高利贷这个投资方法，看似妙不可言，其实是不实在的，因为重大损失很可能会在你不知不觉的时候光顾你，你所剩下的，将是无穷的懊悔。"

"你还要保证家人充裕的生活，因为诸神有一天总会把你召回去的，想必这你也想到了。只要平日里定期存一点钱，就能够轻松实现此类保障。因此，立即开始储蓄吧，那样就算你一朝入土，对家人的妥当安排也绝不会中止，这是一个有远见的男人应该想到的。"

"要讨教有智慧的人和日常都在处理金钱的人。不要重蹈我的覆辙，把来之不易的积蓄给了砖匠阿兹慕，但是，对于我的这一错误，你若曾听从他们的忠告就可以避免。报酬虽少但安全的投资，远比高风险的投资更能令人满意。"

"到了这一阶段，不必过分节省，也不必再去存太多的钱，尽情享受人生才是你该做的事。如果你已经可以轻而易举地存下所有收入的十分之一，为何还不满足呢？你也可以量入为出。总之，如此美好的人生中，有许多值得你做的事情，你又何必把自己变成一毛不拔的吝啬鬼呢？"

表达完谢意，阿卡德的朋友们都离去了。对阿卡德的这一番话，他们当中有些人无法想象也无法理解，因此只是沉默着。也有一些对此加以讥讽的人，他们认为，阿卡德的朋友们如此不幸，而他如此富有，他应该把钱财分一些给他们。但是，听出其中门道的人也有一些，他们领悟到：安加米西能多次回到文史纪录厅去找阿卡德，是因为安加米西看见一个辛勤努力的人正从黑暗迈向光明。当辛勤奋斗的阿卡德找到光明之后，有个美好的位置正等着他。除非亲自体会那些理财道理，并预备好迎接机会，否则没有任何人能填补那个位置。

在后来的几年里，那些朋友也曾多次拜访阿卡德，继续向他求教。阿卡德十分高兴地接待了他们。经验丰富的人，总是愿意把窍门传给他人，阿卡德也是如此，他无偿地说出了自己的理财玉律，供他们参考。他们想把攒下来的钱投在收益好且安全的项目上，阿卡德给予了帮助，使他们免受损失或被套牢以致无息可图。

安加米西的理财诀窍，先传给了阿卡德，又由阿卡德传给了这批友人。他们的人生也有了转折，那是在他们领悟了其中奥秘时开始的。

第三章　实现财务自由的七条守则

不该花的钱，就不要花掉它；作安全和
收益稳妥的投资；应预先保障家庭和未来。

巴比伦的繁荣昌盛历久不衰。巴比伦在历史上一直以"全世界首富之都"著称于世，其财富之多超乎人们的想象。

　　但巴比伦并非一直就是这么富裕的。巴比伦之所以能够富裕，是因为它的百姓有理财的智慧。

　　致富之道也是所有巴比伦人先要学习的。这一切，来自于萨贡王①的治理。

　　萨贡王是巴比伦历史上的一位明君，然而当他打败埃兰族回到巴比伦时，严重的问题浮出水面了。辅国大臣告诉他："修建灌溉用的伟大运河和诸神的圣殿，多年以来使百姓享受着繁荣盛世，这都是陛下的恩德。但是，这些工程现已完工，百姓的生存也出现困难。劳工没了工作，商人的顾客锐减，农夫的作物卖不出去，而百姓想买粮食，身上的黄金却不够。"

---

① 公元前24世纪到公元前23世纪的巴比伦王，为两河流域第一个统一大国的开国君王。

萨贡王急切地问："这些工程不是花了很多黄金吗，它们都跑哪儿去了？"

大臣回禀："现在恐怕是巴比伦中的少数极富有的几个人手握着全部这些黄金。从百姓的指缝到富人手中，这些黄金流动的速度之快，恰如山羊奶流向挤奶人手里。大部分百姓目前并无积蓄，因为黄金流到富人手里就不再流通了。"

萨贡王思索一阵，问道："那少有的几个富翁，是怎样获得所有黄金的？"

大臣回答道："因为他们知道怎么揽黄金。一般人不会因为某人懂得成功之道而责骂他。再怎么追求公义的官员，也不会把一个人用正当手段赚得的财富夺来，分给其他较无能耐的人。"

萨贡王质疑："但是为什么？难道全国百姓不会学习如何积攒黄金，好让自己变成有钱人吗？"

大臣回禀："百姓学会储蓄和富有的方法？这是很有可能的，陛下。但是让谁教他们呢？祭司们吗，他们根本不懂怎样赚钱，因此当然是不行的。"

萨贡王追问："在巴比伦，最精通致富之道的人是谁？"

大臣回道："陛下，答案就在您提问的同时显现出来了。您不妨想想整个巴比伦拥有财富最多的人是谁。"

"我知道了，阿卡德最富有的名声早已传遍巴比伦。我的爱卿，我要尽快召见他。"

收到萨贡王的谕旨，阿卡德第二天就来到皇宫了。他已经70岁了，但在面见萨贡王时依然精神饱满，而且神情愉快。

萨贡王问道："阿卡德，巴比伦的第一富人真的是你吗？"

阿卡德回答："跟陛下听说的一样，这是大家公认的。"

"你这么富有，是怎么做到的？"

"利用机会，我的陛下，而且巴比伦的每个百姓也能够遇到我所遇到的机会。"

"难道你不曾依赖什么基础吗？"

"有，只是对财富的无限渴望而已。"

萨贡王说道："阿卡德，我们城里的情况现在是很糟糕的。懂得致富方法的人只有少数几个，财富都垄断到他们手里了，但是，在留住所获黄金和理财问题上，广大百姓知之甚少。使巴比伦成为全世界最富有的城市是我的热切期望，这个城市必须充满富翁，才能达到这一目的。因此，我们必须把致富的方法传授给所有人民。阿卡德，你说致富可有诀窍？如果有，可以把它们教给我的子民、你的同胞吗？"

阿卡德回道："陛下，可以的。致富之道可经任何一个精通者教给别人。事实上，这是件相当实际的事情。"

听了此话，萨贡王眼睛闪出亮光，说道："此言正合我意。阿卡德，把这项任务交给你，烦请你费神出力，可否？我会让一批教师向你学习理财知识，再让他们传授给其他人，如此传下去，直至全国百姓可以向足够多的教师学习你的致富之道。你愿意传授吗？"

阿卡德鞠了个躬，说道："小民遵命，我愿说出我所知的一切理财知识，以增加我同胞的福祉，以光大我国王的荣耀。我还有一个请求，希望吾王能令某大臣为我组建一个百人研习班，我要把七条金融学的致富玉律教给他们，要让巴比伦的所有穷人脱贫。"

萨贡王就这样下旨了。两个星期之后，一百个研习生都已精选出来。在国家讲坛所的大厅里，他们围着小桌的周围坐成了一个半圆。奇妙的香气不时从桌上的一盏圣灯中飘出来，让人感觉很舒服。

坐在小桌旁边的，正是阿卡德，此刻他正站起来，而一位研习生轻轻推了邻座一下，说道："看哪！那个人就是全巴比伦最大的富翁，而我们看不出他跟我们有什么差别。"

阿卡德开始讲述：

　　　承蒙吾王之恩，托以如此重任。现在，我就站在你们面前，将要帮助国王完成愿望。我们的国王知道，我也曾是一名穷苦的青年，也曾渴望得到金银财宝，只不过后来找到了致富的诀窍，因此命我在此讲授我掌握的知识。

跟每个巴比伦公民一样，我成功之前也是一穷二白的，没有什么优势。

一个破得不能再破的钱袋，就是我的第一个库房。它总是空空如也，这让我感到厌恶；它需要总是鼓鼓的，并时常发出黄金碰撞的声响，那才是我所渴望的。为了让钱袋鼓起来，我四处奔走寻求妙方，终于找到了七条守则。

我即刻把这七条守则明白地告诉诸位，这些建议，也将是我献给所有渴望致富者的。我会用七天时间来解说这七条守则，一天一条。

在我讲述时，请各位注意听讲。无论跟我辩论，还是跟同学探讨，都将是允许的。你们要深刻领会这些功课，若想为自己的钱袋种下财富的种子，就离不开这些功课。你们若想拥有理财的能力，就必须先要积攒起自己的财富；你们若想把这些道理讲给他人听，唯一的条件是自己先有钱。

这几个让钱袋饱满的方法，都还算简单，但它们是进入财富殿堂的第一步，要迈入这个殿堂，第一步必须要稳，否则就是妄想。我就要告诉你们这些方法。

我现在要说的是第一条守则。

致富第一守则：先设法塞满你的钱袋

在座位的第二排，有一个人好像在思考着什么。阿卡德问他："我的朋友，你的职业是什么？"

那位先生答道："我是个泥版刻写员。"

阿卡德说："一开始的时候，我也是干这个的。我就是凭借那份同样的工作赚到第一个铜钱的，因此，你们变富有的机会，跟我是一样的。"

阿卡德看到有一位先生气色红润，坐得比较靠后，遂问他："请你也说说自己谋生的职业，好吗？"

那位先生说："我是个屠夫。我先宰割从畜农那里买来的山羊，然后向家庭主妇出售羊肉，向鞋匠出售羊皮，让他去做凉鞋。"

阿卡德说："你成功的优势比我当初大，因为你不但有自己的劳力付出，而且有中转获利的便利。"

在场者的职业被阿卡德问了个遍。问完最后一个，他说：
"你们现在应该看出来了吧，赚钱的方式，无论贸易或劳动，都有许多种。每一种都是一个管道，把劳动者的劳力转换成的黄金流入他的腰包。因此，每个人本事的大小，决定流入其腰包黄金的多少，是不是这样？"

学员们无不赞同。

阿卡德继续道："那么，利用已经拥有的收入开始建立自己的财富，是一个聪明的做法，对不对？"

学员们无不赞同。

阿卡德转过身问一个看着不起眼的人："如果你找到一个篮子，每天早晨放进十个鸡蛋，晚上拿走九个，天长日久，结果会是怎样？"那人在前面已经说过自己是经营鸡蛋的。

"篮子迟早会装满鸡蛋的。"

"为什么呢？"

"如果我每天那样往篮子放进和拿出鸡蛋，会有一个鸡蛋留在篮子里。"

阿卡德转向全班，面带笑容地说道："你们可有谁的钱袋是瘪的？"

一听这话，这些学生都笑了起来，然后都纷纷挥动自己的钱袋，开起玩笑了。阿卡德接着说：

听我说，你们应该按照我给蛋商的建议去做，这就是我告诉你们的第一条脱贫守则。想让你们的钱袋快速鼓起来，那么，你们每往钱袋里放入十个铜钱，最多只能花掉其中九个。你抓钱袋的感觉，会因它的加重而变得美妙。你的灵魂也会因此有充实感。

我说的这些话，听起来是非常简单的，但你们不能讥笑。这是我之前允诺要传授给你们的致富之路的第一步。我的钱袋，过去跟你们一样也是瘪的，里面没有钱，我就无法满足我的许多欲望，这一切令我恼恨。但是，我的钱袋最后鼓起来了，那就是我坚持放进十个铜钱并只花掉九个的结果。你们这样做的话，钱袋必定也会鼓起来。

我现在要告诉你们一个极为奇妙的真理：比起以前，我生活的舒适度，并没有因我的支出总是少于十分之九的收入而下降，没过多久，我反而可以更轻松地积攒铜钱了。我简直想不明白，这个道理为何会如此奇妙。不得不承认，这个道理也许是诸神赐给人的规定吧：黄金只会更容易流入那些部分支出其储蓄的人的家门，而不是全部支出者。为何也不会流入钱袋空空的人手里？其中的道理是一样的啊！

两种结果，你们最希望自己是哪一种呢？能够享用珍珠、宝石、华服和美食，恣意进行物质享受，难道不正是你们每天期望得到的满足吗？当然，切实拥有财产、黄金、土地、牛羊群、商品和回报丰厚的投资，也是你们所期盼的。满足前一项的，是你从钱袋里取出的那些铜钱，而满足后一项的，是你存入的那些。

在场诸位，"最多花掉每收入十个铜钱中的九个"，这就是我发现的让钱袋鼓起来的第一招。你们现在可以互相讨论了，我乐意听到任何人反驳我，如果他能够证明这话没有道理的话。不过要等到明早的课堂上。

致富第二守则：合理控制你的开销

第二天，阿卡德接着讲述。他说："如果一个人的收入尚且不能支付日常开销，又怎么能存下十分之一呢？这是某个学生向我提出的问题，为此我要问大家，昨天你们多少人的钱袋空无一物？"

"所有人。"全班异口同声答道。

阿卡德说：

　　但是，你们每个人都有不等于其他人的收入额。有的人能比他人赚更多的钱，而有的人可能要养活很多家人。然而，钱袋空空是你们的共同点。关于人类有一个真理，我现在就要告诉你们：我们的"必要支出"等于我们的收入。如果你不是有意反其道而行，那么这一观点永远成立。

　　你的必要开销，不同于你的欲望。你们的工资，永远无法满足你们和你们家人的欲望。如果满足这些欲望正是你赚取钱财的目的，那么，你将耗尽所有钱财，可是那样也无法满足你。

　　所有人都有无数欲望，那不是他们能够满足的。在你们看来，我肯定能够满足自己的所有欲望了吧，毕竟我这么富有。告诉你们，那完全错了！时间、精力、旅游路程、食物、可享受的乐趣，这些东西对我来说都是有限的。

　　一个不小心，野草就会抓住农夫留下的空地萌生并极速生长，同理，欲望也会抓住你们预留的空间而极度膨胀。人有数不尽的欲望，只有寥寥几个能得到满足。

你应该对你的生活习惯进行一番精细的分析。你可能会发现，有些开销完全是可以删减的，尽管当初你认为是理所当然的。你不妨把"钱要花在刀刃上"这样的话作为自己的座右铭，你支出的每一分钱都应发挥它的全部价值。

因此，你要把每件你迫切想要花钱享受的事刻在泥版上。你钱袋里十分之九的钱，应该用于支付你选出来的确实必要的事。而其他不必要的，都可以删除；不能惯着这些欲望，要认为它们在无数欲望中是不起眼的，否则你将得到灾难性的后果和无穷的后悔。

你接下来要做的是计划好那些必要的支出。你的钱袋正在因那笔十分之一的存款鼓起来，千万不要轻易花费它们。储蓄可以极大地满足你，你时刻都要实践着它。为了更好地理财，你随时都可以作出和调整预算，但是，保持那正鼓起来的腰包，永远是首要任务。

一位学生此时站起来发问，他的袍子间杂着金色和红色："预算不能管制我；我该花多少钱，我要在什么地方花钱，不应由预算说了算。因为我没有必要从事工作，我相信，对人生各种美好事物的享受，就是我的权利。在我的印象中，我的许多人生乐趣，将因作出预算而消失，我会感觉背着重担，跟一头驴没有差别。"

阿卡德答道："我的朋友，你预算的决定者是谁？"

"我自己啊。"

阿卡德说：

你把预算者比喻成一头负重的驴，那么，珠宝、地毯和沉重的金条也包含在它的预算范围内吗？不是那样的。只有从沙漠驮回来的稻草、谷粮和大水袋这些东西，才会被它纳入考虑的范围。

使自己的钱袋饱满，才是做预算的目的。有了预算，你仍然可以进行日常的必要享受，同时也能让你满足其他欲望，而且，那是在你能力范围之内完成的。预算的好处在于，帮助你把感觉最迫切的、你所看重的欲望变成现实，而且，就算突然冒出其他愿望，也不会使这些欲望落空。预算如同是一盏明灯，就像照亮黑暗中的洞穴一样照亮你腰包的漏洞。见到漏洞，你就可以堵住了，放纵某些欲望而挥霍钱财的事情，你也就不会再去做了。

脱贫致富的第二条守则就是为你的支出作预算。用于支付和满足必要开销、其他享受和值得的欲望的足够钱财，有了预算就成为可能，而且，这些是在你的花费低于十分之九的限制条件下完成的。

致富第三守则：让自己的黄金持续生长

第三天，阿卡德讲解道：

现在，你们已经能够管住自己，坚持存下十分之一的收入，并能够为了守护增加中的财富而控制支出——看吧！你们的钱袋已经越来越鼓了。如何让财富自己为我们生出财富，是我们接下来要讨论的问题；当然，我们也要思考增加财富的秘诀。装满黄金的钱袋有什么意义呢？它只是让一个吝啬鬼的灵魂满意而已。我们储存收入的黄金，只是第一步。我们对财富的养成，靠的是这些黄金本身赚来的钱。

那么，问题就在于如何让这些储蓄为我们所用。我的第一次投资全部打水漂了，过后我会讲述这个悲惨的故事的。当我把钱借给一个名叫艾吉尔的盾匠

时，我在投资上才开始第一次获利。他是做铜的生意
的，每年都要买入几艘船那么多的铜，铜是从海外运
来的。他为什么向有余钱的人借钱呢？就是因为他没
有那么多钱买铜啊。他最终会卖掉铜制品，而且一定
会偿还本息给借钱给他的人。他为人是诚实的。

　　我拥有了更多的资本，不仅如此，附加在资本
上的钱也在持续增长，因为我每次借给他钱后都能从
他那里收取利息。所有这些钱，最后都回到我的钱袋
里，这无疑是最让人兴奋的。

　　你们要记住，钱袋里铜钱的数量，不能决定一个
人财富的多寡。一个人的财富，取决于他积攒收入的
多少，取决于他的钱袋是否饱满和是否有钱财不断流
入。你们以及世上每个人，无不渴望你的钱袋在不断
地汇入金钱，而且对工作或旅行都不会造成影响。

　　我的财富已经够多了，称我为富翁并不过分。
我在投资上第一次获利并得到智慧，就是从借钱给艾
吉尔的经历开始的。随后，我的财富一直在增长，同
时，借款和投资金额也越来越多。能够向我借钱的
人，也从开始的几个逐渐增多。我的钱袋总是在持续
地进账，因此我相信，这么理财是明智的。

看！我的收入本来是少得可怜的，我却积攒出了一堆黄金。它们是我的奴隶，全部都为我所用，为我生产了更多黄金。帮我挣钱的，还有这些黄金的子子孙孙。因此，我的钱库总是满的。

有一个农夫，在他的第一个儿子出生之后，把十块银钱拿到一位钱庄老板那里。老板是经营贷款业务的，农夫要求老板在他儿子不满十二岁之前一直替他放款，还要求把一切所得利息都滚入本金，因为所有的钱都是为儿子准备的。其实，老板原先答应每四年返还百分之二十五的利息。

农夫在他儿子二十岁时候去索要这笔银钱，老板明确指出，银钱已经由十块变成三十块五了，因为其计算方式是本利共息①。

农夫十分高兴，不过他再次把这笔钱托给钱庄去放款了，因为他儿子目前用不到。钱庄老板在农夫的这个儿子四十五岁时结算了所有钱款，因为农夫去世了。这笔银钱总共是一百二十三块多。

---

① 本利共息即复利，是定期把利息滚入本金的方式。在这个故事中，利息是每四年 25%，二十年共有 5 个计息期，（1+25%）的五次方等于 3.052，再乘以本金 10 块银钱，就等于三十块五了。

算一下，在这四十五年里，利息使这笔钱几乎增长到了原来的十二倍多！

合理的投资，会快速增加你的钱财。通过这个例子，你们应该明白这个道理了吧。

脱贫致富的第三条守则就是这样：让每一分钱繁衍出利息，以增加你的所得，使你的钱袋一直有进账，就像作物在农田积聚一样。

致富第四守则：防止财富的损失

第四天，阿卡德讲道：

灾祸喜欢降临到人头上，它向来都是这样。我们应该存下并守护小额的黄金，因为如果不看护好，腰包里丢黄金的情况可能随时发生；在老天没有把更多的黄金赐给我们之前，我们要一直守护下去。

无数看似能够赚到更多钱的投资机会，可能会考验所有拥有黄金的人。一般说来，此类投资可能是你的朋友及亲人特别期待的，他们也希望你参加进去，并热切地催促你。

如果你还没有确认向你借钱者的能力和信誉能够保证偿还，就不要把你的钱借给任何人；否则，借钱就可能变成无偿的送礼，那可是你煞费苦心的积蓄啊！如果你对一项投资的风险还没有达到透彻的了解，也不要把你的钱借给任何人去投资。

对作第一笔投资时的我来说，那投资的结果堪称悲惨。他是一名叫阿兹慕的砖匠，他的生意将跨越重重大洋前往提尔城，并许诺我说，他会买一些腓尼基的名贵珠宝，然后回来变卖，再跟我平分利润，于是我把一笔积蓄全部托付给了他。岂料他遇到了一批混蛋腓尼基人，他们竟然把酷似珠宝的玻璃卖给了他。那可是我整整一年积攒下来的钱啊，就这样全部打水漂了。不过，经过训练的我如今已经明白，把钱给砖匠去做珠宝生意，简直愚蠢之极；我已经在这一点上相当敏锐了。

我给你们的忠告是：从我的失败中吸取教训，不要自作聪明地让投资陷阱吞没你的财富。在这一方面，多多向经验丰富的人讨教是保险的。你可以无偿听取此类专业忠告。你收获回报的速度可能会很快，而且其数量与你期望中的利润相等。事实上，使你免遭损失才是这些忠告的真正益处。

总之，对于你的财富，一要保持，二要避免损失。如果要投资，只作安全的投资，或是作可以随时取回资本的投资，或是不至于收不到合理利息的投资。脱贫致富的第四条守则就是这样，它因能够鼓起并维持你的钱袋而十分重要。

你们跟有智慧的人商量，他们所给的理财良言，你们要谨慎地遵守。有了他们的智慧，你的财富会得到良好的保护，危险投资会被隔离。你要听从他们的建议。

致富第五守则：寻找能够获利的投资

第五天，阿卡德继续讲述：

一个人，如果能够为了生活和人生享受而支出十分之九的收入，并无损于生活质量地花掉另外十分之一的每一分钱去投资，其财富增长的速度就会以惊人的速度加快。

绝大多数的巴比伦男人要向地主交房租；养花可以满足其趣味，可他们的妻子找不到多余的地方；他们的孩子们想做游戏，也找不到空地，非要玩耍，只好在又脏又乱的巷子里进行——他们承担着沉重的养家糊口的责任。

所谓生活的享受，要求有一大片干净的土地。孩子们的玩耍，妇女们对花的收拾和养护，都需要这样的一片土地。甚至家人要吃蔬菜，也要有一片土地可以种植。

我想向所有人提议：你们应该拥有自己的房子。那样一来，男人们吃着自己家里长出来的无花果和葡萄，心里全是愉悦。

属于自己的住处和甘愿养活的家，也是每个男人都期望拥有的。他的自信就是在这种拥有中建立起来的，并且，这会激发出他潜在的无穷努力。

任何人都可以实现拥有大房子的愿望，只要他对此抱有热切期望。而且，你们现在可以买到合理价位的土地，因为我们的国王太伟大了，他一直在扩大巴比伦城墙的外廓，这使得许多有待开发的土地变成了内城。

同时，如果你们想为自己置办房屋和土地，做贷款生意的钱庄将非常乐意借钱给你们。这一点我必须让你们知道，还有，如果你能明确指出购房所需预算，借到钱并付钱给建造房屋的砖匠和建筑商，就不是什么难事。

房子一完工，就是你自己的了。在过去，你把房租交给地主，而现在是付给钱庄老板，而且是分期付款，你所欠下的债务，会随着每次支付逐渐减少，全部还清只需几年。

那样一来，你就拥有看得见的有价财产了，向国王缴税便成了你的唯一负担。因此，你一定会收获极大的快乐。

对你太太来说，经常去河边濯洗漂亮袍子和浇花浇菜，也就变成可能的了。从河边回来时，她完全可以顺带捎一羊皮袋水。更多祝福会降临到拥有自己房子的男人的头上。其生活成本远没有以前高了，在其他人生乐趣上，他也有更多闲钱去享受了，他的许多欲望也可以得到满足了。

要拥有自己的房子，这就属于脱贫致富的第五条守则。

致富第六守则：提前为未来生活做准备

第六天，阿卡德对学生们说：

生活是每个人一辈子都要面对的，排除半路夭折的情况，每个人都要走过一生。

因此，为了自己可以有足够妥善的暮年，为了自己死后家人还能安枕无忧地生活，每个人都要预备下足够多的钱。

今天带给同学们的课题是，这样的预备如何在尚不具备很强赚钱能力时作出。

人如果通晓了理财的方法，就能够以此聚集财富，也应该考虑到他的未来到底该如何做。他应该确保自己将来在经济上没有困难，也就是说，他要早早预备一笔钱以备年老之需，为此他须确立某些投资计划或产业。

一个人有许多保障将来生活的方法。

我不赞成秘密地把财富藏于某个隐秘之地的地下。

当然他可以那么做，其方式也许会很高明，但再怎么高明，盗贼都技高一筹①。

在养老的准备上，一个人不妨买下几处房产或地产。如果选对了，它们在将来大有价值和用途，那么，它们的价值和利润将永不消失；养老就不在话下了，因为如果卖掉它们，绝对价格不菲，如果用于出租，则会有源源不断的租金收入。他如果有几笔小钱，可以先在钱庄上压上一笔，并定期增加。这笔本钱和利润将增加很多，因为钱庄老板会给他利息。

一个名叫埃善的鞋匠对我说，他近八年里每个星期都在钱庄存两枚银币的定期，每年的利息是百分之二十五，不久前结算时，他总共得到一千零四十枚银币，这个结果让他非常开心。我也替他高兴。我还算掌握了一些算术，就进一步鼓励他说：如果你继续每

---

① 巴比伦时代人们用的是金属货币，因此把钱财埋于地下主要是防盗，而现代人用的是纸币，除了防盗，还要防止纸币的腐烂。《楚天都市报》曾报道，一位七十多岁的老汉，多年来积攒存下了 7 000 多元的现款，为了保险起见，他将钱扎成捆，偷偷埋在了房间的地下，并在地上做了记号。两年后的一天，老人想将钱取出，等他挖出自己珍藏地下的纸币一看，不禁大吃一惊，7 000 多元的养命钱已快变成了烂泥巴。老人背上这捆残币焦急地四处找银行兑换，因为钱太破太脏几乎难以辨认，好几家银行不予兑换，最后该地的工行帮他兑换了 3 000 多元的新钱。

周在钱庄存放两枚银币，那么二十年后的本息总共是四千枚银币，有了它们，你这辈子都不用再发愁了。坚持这样存储生利，当然会得到数量可观的回报，要知道，即便你现在的生意和投资再怎么乐观，老无所依和家人落魄都是没有人承受得住的。

在这一点上，我要讲解得再深入一点。无数人在平日里定期存钱，其数目是很小的，但聚集起来就会相当庞大，用来确保一个人死后其家人的无忧生活，将是绰绰有余的。我相信,这样一套保险计划在未来某天总会被某个智者发明出来。这个计划是非常高明的，因此我愿意全力推荐。但是现今，这是不可能被实行的，因为这种有计划的缴费，运作的时间必然会超过在座任何人或参与者的寿命。这个计划必须稳如国王的宝座。

我相信，这样的计划必定会在未来某一天问世。哪怕最初的钱数特别小，积聚到有的家里有人去世时也会变成大笔钱财，供全家剩下的人吃穿用度。因此，世人必将蒙受此计划的福祉。

然而，我们毕竟是活在现在而非未来，因此任何一种有利的方法，我们若要确保养老就都要加以利用。我给大家一个建议：现在就为了防范暮年的经济困难而多想办法。无论是一个丧失赚钱能力的男人，还是因家长已故而无法赚钱养家的人，如果口袋里再分文没有，那都是十分悲惨的。

　　事先为自己的暮年和家人的生活做好准备，这就是第六条脱贫致富的守则。

致富第七守则：让自己更有能力赚钱

第七天，阿卡德对学生说：

　　我今天将告诉你们的致富办法，是效果最好的一个。然而，我不会在黄金问题上多作谈论，而是要谈一谈在座的各位。我要告诉你们有关几个人的思想方式和生活方式的例子，他们在工作上，或者是成功者，或者是失败者。

　　我不久前接待了一个年轻人，他是来向我借钱的，而我发现并告诉他，他几乎没有偿还债务的能力。因为当我问他为了什么借钱时，他在入不敷出的现状上发起了牢骚。他哪里还有可供还贷的余钱！

我对他说："年轻人，自己去赚更多钱才是你需要做的。你要让自己更有能力赚钱，对此你可有什么想法？"他的回答是："我在两个月内六次向主人提出了加薪要求，但最后落空了。可那是我唯一能做的，在要求加薪的人里面，恐怕我是最勤快的了。"

他如此简单地处理事情，可能会遭到我们的嘲笑，但是，在增加收入这个问题上，他确实已经具备了关键条件。他的这个条件就是心里赚更多钱的强烈愿望，而且，这愿望是正当的，也是明智的。

这一渴望是致富的先决条件。你非得拥有极其强烈和明白的愿望不可，一般愿望则显得苍白无力。就算一直想着"希望我变成富翁"，那也不过是一个极为虚弱的目标。对他来说，拥有五块黄金的渴望是容易实现的，可如果能够在得到之后守住这五块黄金，找到获得十块黄金的类似方法，就显得轻而易举，他也会有办法获得更多黄金，二十块、三十块乃至一千块——他的富翁梦，那时不就实现了吗？对一个个小而明确的愿望的实现，也是对赚更多钱的能力的训练；从小数目开始，赚一点就会赚更多，财富就是这样逐渐累积的。

一个人的欲望，一定要单一且明确，而势必无法满足的欲望，则是太多太杂或在个人能力范围之外的欲望。

一个人的赚钱能力，是随着他职业水平的提高而提高的。

我当年的工作是刻泥版，每天只收入几个铜钱，再卑微不过了。于是我就仔细观察，发现同事们无论是刻的件数还是工资都比我多，我很快发现了其中原因。我下定决心，非要超过所有同事不可。在这份工作上，我投入了更多的兴趣、精力和意志力。皇天不负有心人，最后我成功了，几乎没有人能够比我刻的泥版多。我在工作上已经非常灵巧了，付出也已收到了回报。我还用得着六次要求主人肯定我的工作能力吗？

可赚钱数是随着我们所获智慧的增多而增多的。在自己的职业技能上更多地研习，就能够获得更多报酬。一个工匠学习更多技巧和方法的对象，可以是同行中技艺第一流的前辈；律师或医生也可以向同行求教和交流心得体会；不断搜寻低成本的好产品，则是一个商人可以研习的内容。

每个热心工作的人，总想着自己的技巧能够变得更好，以给雇主提供更好的服务，而雇主是他们生活的财源。因此，改变和进步是每个行业的人始终都有的愿望。因此，我强烈要求在座各位都争取最大的进步。自我裹足不前只会落在后面。

　　在理财方面有成功经验的人，之所以能够变得富有，有许多事情是关键。这些事情是：

　　（1）努力还债，为此拼尽全力，如果有的东西无力购买，那就不买。

　　（2）有关照家人的能力，每当被家人思及或提及，无数赞赏油然而生。

　　（3）为防一朝被诸神召回，及早立好遗嘱并适当分配自己的财产。

　　（4）怜悯并适度地帮助境遇悲惨的人；同时，全方位地为自己的亲人考虑。

　　以上这几件事，是一个自重的人应该做的。

　　让自己拥有并提高赚钱的能力，研习并拥有智慧和技巧，还要时刻在行为上自重。这就是脱贫致富的第七条守则，也是最后一条守则。你若遵循此守则，将充满自信，并为实现致富之梦而作出周到且可行的计划和安排。

我的七条致富守则，至此皆已备齐，它们得自我长期的成功生活经验，我强烈要求每个渴望致富者照此而行。

巴比伦的黄金比你们梦想中的还要多。这些黄金多得不可胜数，所有人来分也分不完。

尽管勇往直前，执行这些理财之道，你将像我一样变得富裕。

尽管将这些理财之道教导其他人，让国王的每个光荣百姓都能自由地分享到我们所爱之城的庞大财富。

第四章　幸运女神会眷顾哪种人

就算一个人是幸运的，他继续拥有其幸运的时间也是无法预料的。把他丢进幼发拉底河，他游上来时，看看他手里是否还握着珍珠。

——巴比伦民谚

成为幸运儿是世上每个人都期待的事，现代人有这样的渴望，四千年前的巴比伦人同样有。被幸运之神宠幸，是大家共同的期盼，可我们能找到遇见她的办法吗？再者，遇见之后，除了得到她的赞扬和注意，我们希望她赐予我们无数财富，这可能吗？

　　把好运吸引到自家门前的办法，不管是什么办法，到底有没有？

　　巴比伦人同样提出了这些问题，并决心找到答案。他们是灵敏而聪慧的，正是由于这些智慧，巴比伦才在当时变成最富有和最昌盛的国家。

　　任何学校或学院，在遥远如斯的古代都是不可能存在的，但他们有一个相当务实的学习中心。

　　巴比伦的许多建筑都巍峨高大，国王的宫殿和几座空中花园，还有诸神的圣殿，它们无疑是最显赫壮观的。然而，史书很少提及巴比伦的另一座建筑，而那个时代的思潮却受其影响颇多，它就是巴比伦学习院。许多义务教师聚集在学习院里，他们解释、传播着古人的智慧；在那里面，人们还可以公开就各种大众感兴趣的话题进行辩论；学习院里的每个人的地位都是平等的；没有惩罚之忧，甚至最卑微的奴隶跟贵族子弟的争论也是被允许的。

阿卡德经常在学习院里现身。这位睿智的富人，在全巴比伦享有第一富翁的美名。

学习院单独为阿卡德设立了一间厅堂。在那里面，阿卡德被一大群人包围着，共同就有趣的问题展开辩论。几乎每晚都是如此，其中中年人占多数。现在，让我们想象自己也在厅堂里，听着他们的辩论。关于如何获得幸运之神的垂青，他们是否已经得到答案？让我们拭目以待。

夕阳将坠，天边有如沙漠，沙漠之上如梦似幻，一个大火球在上面闪烁着红色的光芒。一如往常，阿卡德迈步登上台阶，厅堂里已经有四十多人在等着他。他们济济一堂，在地毯上斜身坐着，同时陆续有人进入讲堂。

阿卡德问："今天晚上我们以什么为话题？"

按照惯例，要发言的人得站起来。现在，众人犹豫了一下，而一位身材高大的纺织匠起身说道："我倒是有一个话题，也希望大家一起讨论，但因为害怕阿卡德和各位笑话，就犹豫着不敢说出来。"

阿卡德和众人诚恳地催他快说，于是他继续说道："我今天非常走运地捡了一个钱袋，里面装满了黄金。

因此我有了一个热切的想法，就是希望继续得到这种幸运。我这样的渴望，也一定是我们当中许多人所想的，因此，我提议大家今天就此讨论一番，看看能否找到一些吸引并抓牢好运的方法？"

阿卡德评论道："这是个对大家来说十分有趣且值得讨论的问题。有些人认为，幸运事件如同意外一样，它发生在某人身上，并没有什么原因，纯属随机事件。"

"还有人认为，那全是幸运女神艾希坦的大方赐予，谁讨她欢心，她就乐意地把礼物赐给他。各位朋友，我们能否为每个人寻求招揽好运的方法呢？你们都说说自己的看法吧。"

想听到答案的人越来越多，他们纷纷说："妙极了！我们就讨论这个话题！"

阿卡德继续说道："跟纺织匠相仿的不劳而获的经验，我们当中可有谁享受过？可有谁发现或得到富足财富，却没有付出劳动的？请他站起来谈一谈，我们先听他说说这种经验，再开始讨论也不迟。"

众人沉默地互相看着对方，显然都期待着某个人站起来说一说，但是，一个也没有。

阿卡德说："一个也没有吗？看来这种幸运还是太少见了。那么我们接下来该怎么进行，谁能给出点指示？"

人群中站起一位身穿锦袍的年轻人，他说："我来起个头儿。说起幸运，幸运经常发生在赌桌上，从那里开始谈论，这对我们来说不是很自然的吗？赌博时，许多人都希望幸运女神降福，让自己赢钱，于是极尽奉承之能事，这些你们也都见到过不是吗？"说完，年轻人就坐下了。

有个声音说道："接着往下讲啊！你的骰点如果是大红点，你就可以从赌场庄家那里赢无数银钱，进而填满了你的钱袋；如果是蓝色的一面，那么你辛苦赚来的钱就要输光了。我们想知道的是，幸运女神是怎样帮你的，是否已经降福给赌桌上的你了？"

众人发出笑声，面带善意。年轻人也一笑，说道："我必须照实地说，甚至当我就在赌场时，幸运女神都不知道！你们当中其他人运气怎么样？是否曾经在那里感觉到她的存在，她有没有转动你的骰子，好让你赢钱？如果有此类例子，请拿出来让我们研究研究，我们很渴望听出些门道。"

阿卡德说："这个开头很妙！我们是为了讨论各种丰富的问

题才聚在这里的，因此不能忽略赌桌上的问题。赌桌上碰运气，以少量银子赢得大量黄金，不正是大部分人的本能和喜好吗？"

又有一人插嘴说："我忽然想起了昨天战车比赛中的押赌。战车辆辆镀金，战马个个汗透全身，赌它们在竞技场上的名次的刺激程度，远远超过了摇骰子的赌博。如果幸运女神经常光顾赌桌的话，也一定会看出这一点的。阿卡德，你昨天在尼尼微城押的是那群灰马所拉的战车，请你实在地说，你是不是事先得到了幸运女神的秘密通知，知道那样下注肯定赢？昨天，我就站在你身后，看着你那样下注，我简直不敢相信自己了。我们钟爱着巴比伦红棕色的骏马战车队，它们是任何一队亚述战车队都不可能打败的。你清楚这一点，所有人也都清楚，难道不是吗？"

"结果，最后胜出的竟然是灰马，因为塞利的黑马在关键时候摔了一跤，给红棕色骏马带来了干扰，要不然它们是没有机会赢的。阿卡德，幸运女神曾轻声告诉你应该押灰马，对不对？"

听了这样的嘲讽，阿卡德大声一笑，说道：

幸运女神会对怎么在马匹上押注感兴趣？我们觉得她会，可有什么理由？我一直认为，这位尊贵的女神是很有爱的，只要一个人有困难，她都愿意施以援手，只要一个人配得上，她就会降福给他。遇到她当然也是我的渴望，但遇见的场景是我做其他更有意义事情的时候，或者某个更值得收获回报的地方，而不是在赌桌或赛马场，不是人们总是想着少输多得的地方。

为什么有的人看起来总会得到获利的机会？因为，凭借自己的努力或诚信交易，你总能在耕种土地、做生意以及其他行业中赚大钱。计算失误或者遭遇风浪和坏天气，可能会让你有时候赚不到钱空忙一场。但是，盈利的愿望总会实现的，只要你始终坚持。

然而，赌博是一种相反的情况。捞钱的机会经常接近赌场庄家，却疏远赌客。赌博是庄家用来赢钱的工具，是他精心设计出来的。他以赌博为生，为了赢到赌客的钱，他会想尽办法的。庄家赢钱的机会总是很大的，而几乎没有一个赌客知道这一点，更不知道输钱的总会是自己。

想想我们是怎么在骰点上押注的吧。每次投掷，我们都要赌它哪一面在上，红心一点在上，庄家给我们的钱，是我们所下赌注的四倍；我们输掉赌注的情况是，其他五个点数的任何一个在上。照这么算，每次投掷，我们输钱的机会是五，而赢钱的机会是四，因为掷成红心一点我们就会赢四倍赌注。赌一整夜，所有赌注的五分之一都会流向庄家，而赌客却注定要输掉所有赌金的五分之一，这都是庄家可以预料到的。对赌客来说，如此安排意味着赢不到钱的命运，试问他能违背命运吗？

听众中有一人说道："但是，毕竟还是有人最后赢走了大笔钱的！"

阿卡德答道："赢钱的赌客的确存在。但是，就算一个人有赌运，这种方法能否为他建立起永恒不变的财富？在我看来，这才是问题的所在。我在巴比伦所认识的成功者中，没有一个是靠赌博建立功业的。你们今晚聚集在这里，所认识的巴比伦人比我多很多，我很想知道他们当中利用赌桌而走向成功的有几个。如果有这样的人跟你们结识，就请说一说。"

一阵沉默。

忽然，有一人轻率地问："赌场庄家算在里面吗？"这个人平日里就喜欢开玩笑。

阿卡德继续说："如果想不起任何这样的人或这样的例子，为什么你们不谈谈自己呢？你们总是在赌场上赢钱的，不站出来讲讲致富经，是不是在害怕犹豫？"

这些挑战的话一经说出，全场人哗然而笑。

阿卡德继续说："幸运女神时常会去这些地方，但去那里寻找好运，那我们来说显然是办不到的。目前来看，我们还没有那份好运捡到钱袋，在赌桌上好运临头的事，也从来没有发生过。说到我赛马，实话说，我输掉的钱，可比赢来的多得多了。因此，让我们在其他领域展开讨论吧！

"不妨在你们各自的行业上想一想。一个再自然不过的道理是：我们在工作上勤恳努力，收入的钱财就是我们理应得到的回报。我觉得，可能幸运女神已经恩赐我们了，只是我们小看了这恩赐；或许，她真的一直在帮我们，只是被我们拒之门外。对此，有谁想深入说一说？"

此时站起一位岁数偏大的商人，身穿的白袍表明他是个十足的绅士。他理理袍子，说道："我想说说我的意见，还望无比尊贵的阿卡德和各位朋友能够允许。如果我们的努力，真的已经使我们在自己的行业里取得一些小成就，即如阿卡德所言，那么我们可以就这样的机会谈论一番了，即：我们是怎样在可能获得巨大财富的机会面前功败垂成的？恐怕不能说我们已经得到了合理的回报，因为这些机会最后全都溜走了。此类事情，相信在座的许多人必定都经历过。如果这些机会得以完成，那确实是稀有好运的宠幸。"

阿卡德赞赏地说道："这个讨论方向真是极好的！你们当中眼看着即将到手的好运溜走的都有谁？"

举手示意的人有很多，刚才发言的那位商人也在其内。阿卡德对他说道："就从你打开的方向开始谈吧，你有什么意见，现在请告诉我们。"

那位商人说："多年前，我曾无限接近一个好运，却因我的盲目而痛失良机，现在我追悔莫及。我很愿意把这个故事讲给大家听。"

那位商人开始讲述：

　　那时我还是个新婚不久的年轻小伙子，正想着大干一场赚些钱。

　　有一天我的父亲来我这里，告诉我一个投资项目，那是一大块荒地，接近巴比伦的外城，是我一位世伯的儿子探查到的。水患不会波及这块地，因为它高出运河许多。父亲极力敦促我加入。

　　按照世伯之子的计划，要先把这块地买下来，再用耕牛开辟出肥沃的土地，并为引过去水源而建三座巨大的风车，这块土地还要在风车建成后分成若干小块，让城里的旱田农夫买去耕种。

作为年轻人，他跟我一样，工资是固定的，如此宏伟的一个计划，他不可能有足够的黄金来完成；他父亲的家庭背景跟我父亲的家庭背景一样，都不算富裕。因此，为实现这个计划，他决定拉几个志同道合的人入伙。最后，他一共找到了十二个同样拿固定薪水的人，而且他们为了建设好这块土地而愿意投入各自十分之一的收入，卖出土地所得的利润，将由所有人平分。

我父亲对我说："孩子啊，你正值年轻力盛，应该着手积聚自己的财富了。这是我对你的殷切期盼，那时大家也会更尊重你的。"

我回答说："父亲，这种最真挚的渴望，我何尝没有？"

父亲说："那就好。我给你的忠告和希望是，像我年轻时一样，做年轻人该做的事，并吸取我的失败教训。你应拿出十分之一的薪水，投在有利可图的项目上。如果能收回这十分之一的钱及其盈利的话，或许你在我这个岁数之前就建立起巨大财富了。"

我说："父亲，感谢你充满智慧的忠告，致富也是我热切渴望的。但是，我十分犹豫，因为我的开销实在太多了。我以后有的是时间呢，不管怎么说，我现在还很年轻，不是吗？"

父亲说："我在你这个年纪时也有这种想法。但是，多年之后，我至今没有在致富路上迈开步伐，这你也看到了不是吗？"

"父亲，我理应避免作出错误决定，我们现在的时代，已经与你年轻时不同了。"

"孩子，我敦促你不要再拖延下去了。这个机会就在你面前，它可能会把你带上致富之路。你得加入世伯儿子的计划，你明天一大早就去找他，并商量投入十分之一薪水的事。要快！今天能看到机会，明天它可能就不见了，它从不等着谁，因此，你千万别延误了时机！"

我的犹豫并没有被父亲的谆谆劝说给打消。

那时，从东方过来的贸易商带来了许多十分漂亮的衣服，而我和我妻子都想一人拥有一件。我刚刚买下几件崭新的袍子。我没有听父亲的话，拿出十分之一的薪水加入那项投资，如果那样做了，我们就得不到这些漂亮衣服了，也就享受不到其他的生活乐趣了。

当时我一再犹豫，迟迟作不出决定，最后白白错过了机会。没有想到，那项投资计划最后竟然收获了极其丰厚的利润，这让我今天依然后悔不已。这就是我跟幸运失之交臂的故事。

对此，一位来自沙漠、皮肤黝黑的壮汉给了一番评论：

这个故事还告诉我们，人只要"接受机会"，好运就会降临到他头上。在行动上不开始，财富的建立就不可能发生。你最初要进行第一笔投资，也许只能从薪水里抽出少许的银钱或黄金。我现在拥有许多牛群和羊群，但它们开始于一只小牛犊，那是我还是个小男孩的时候只用一枚银币买下的。对我来说，这只牛犊非常重要，因为我日后的一切财富都是从它开始累积起来的。

所谓行好运，指的就是迈出建立财富的第一步。有了这第一步，一个人的赚钱方式可能就从出卖劳动力变成了收取储蓄带来的利息，因此它极具重要性。那些在年轻时候迈出第一步的人是十分幸运的；比起那些起步很晚的人，或者像这位商人父亲那样根本不曾开始的不幸者，他们在财富上取得了更大的成功。

机会也曾在这位商人朋友年轻时降临，如果他及时迈出了第一步，可能今天所拥有的好东西会更多。那位纺织匠朋友不是捡了满满一袋黄金吗？如果他能把这些黄金作为开端，迈出类似的第一步，他将积累更多的财富。

此刻，人群中站起一个从其他国家来的不知名者，他说："感谢你们的发言！请允许我说几句。我是叙利亚人，不太会说巴比伦话。这位商人让我想起了一个词，可能你们觉得我那样说不礼貌，但我觉得完全可以用那个词来形容他。可惜我不知道巴比伦人怎么说这个词，所以我恳请有哪位朋友告诉我，在巴比伦语中，哪个词是用来形容因犹豫拖延而错过对自己可能有利事情的行为的？"

一人答道："贻误。"

这个叙利亚人高兴得一拍手掌，说道："就是它！一如我们这位商人朋友，机会就在眼前，却不马上行动，那么任何人就都是贻误大王。这位商人朋友没有把握住当时的机会，却在等候什么。他说他现在正忙着做其他许多事，而我要说的是，慢吞吞的郎中，从来不会有机会降临。也许幸运之神是这么想的，如果幸运真的是一个人的渴望，那他就会立即行动起来。"

在场所有人都笑了，而那位商人站起身来，友善地鞠了一个躬，并说："这位远方来的客人，你一句话就指出了我的问题所在，请接受我的敬意。"

阿卡德此时说："现在，其他人还有没有关于机会的故事或经验？请再给我们讲述一番。"一位身穿红袍的中年人说他也有一个故事：

      我的生意是买卖畜类，其中大部分是骆驼和马匹，绵羊和山羊也有，但占少数。我将讲述一个机会在一个夜晚降临到我身上，我却因无知而错过的故事。我之所以让机会溜走，可能正是因为没有想到那是个机会吧。至于我是怎么让机会逃掉的，你们听完故事就会一清二楚了。

      都已经十天了，我一直在寻找骆驼，始终找不到，我都快泄气了。更令我生气的是，我回城时发现城门已经锁上了。没办法，我只好在城外过夜，我让我的奴仆支起帐篷。城外没有水，我们只有很少

的食物充饥。跟我们一样被锁在城外的，还有一位老
农夫。

他是刚刚赶过来的，问我："这位贵人，我从
外表断定你是一个做生意的买主。我已经把一群上好
的绵羊赶在一起，如果有幸言中，我很乐意把它们卖
给你。唉！我必须尽快赶回家里，因为我太太得了热
病，病情很严重。如果我能将羊群卖给你，我就可以
跟我的奴仆一起骑着骆驼尽早赶回家了。"

我无法看清他的羊群，因为当时天已经黑了，但
我知道，它们肯定是很大的一群。我是通过羊叫声听
出来的。能跟这位农夫做一笔生意，我当然乐意了，
因为我已经在收购骆驼这件事上做了十天无用功了。
焦急之中，他提出了一个我能接受的合理价钱。这些
羊明天一早就会转手卖出个好价钱，因为我的仆人会
早早地赶羊入城。

交易既已谈成，我就令我的仆人点起火把开始
清点有多少只羊。农夫告诉我，一共是九百只。那群
羊口渴难耐，挤成一团同时聒噪得令人心烦，要数清
它们极为困难。在这一点上，我就向你们絮叨了，总
之结果是，要算出它们的总数，根本是不可能的。于

是，我直白地告诉农夫，现在不能付钱，因为羊的数目无法算清，只能等天亮了再说。

农夫苦苦恳求："请大老爷发发善心，今晚先把价钱的三分之二付给我好让我赶回家里吧！为了帮你数清有多少只羊，我愿意把我最聪明能干的仆人留在这儿，明天天亮就可以数清了。等清点完毕，你可以把剩下的钱给这位奴仆，他很可靠。"

然而，我不愿意当晚预付任何银钱，可见我有多么固执。

第二天早上，城门在我醒来时已经打开，并且冲出了四个畜类买主。他们都要购买那群羊，而且相当急切，都愿意为此出高价，因为城里发生了灾难，只剩下丁点粮食了。他们给出的价钱，竟然是昨夜农夫向我要价的三倍。我这才明白，那原来是个天赐的绝少机会，却被我错过了。

阿卡德评论道："这是个罕有的故事，可有人有什么智慧的启示，大家谁来说一说？"

一位颇有威望的马鞍匠回答："通过这个故事，我们应该能够知道，应该当机立断为自己确认为明智的交易付钱；自己或者他人的软弱，可能会损害一笔真正的好交易，因此我们有必要加以保护。人总是在改变想法。唉！我必须承认，在即将做错时醒悟并改变决定的人，一般没有在做对之后改变心意的人多。我们经常是这样的：明明做得是对的，却因再三的犹豫和反悔而痛失良机；即将做错时，反倒无法醒悟过来。最初作出的判断，往往是最好的，当然，这只是就我而言。但是我也经常发现，我很难驱策自己在敲定一项好的交易之后，继续往前进。因此，为了防范我的软弱，我会赶快付钱。这样我才不至于后悔没有好好把握运气。"

那位叙利亚人再次起身说道："感谢各位的发言！我再次有几句话想说。各位以上所述，都是一些几乎类似的故事，也就是机会溜走的原因都是一样的。对于拖延的人，机会来临时，都会给他带来一个好计划，但他一直在犹豫，不会用'时机就在眼前，我要把握住'来驱策自己。那么，到底怎样才能把机会成功地抓在手中呢？"

一位买卖畜类的商人说："我的朋友，你说出了一些真知灼见。这些故事无一不说明，对容易拖延的人来说，机会总是在一瞬间就消失不见了。我听了这些后，有一个发现，那就是我们的敌人就是自己。因为这些例子也都是常见的，没有人不是循规蹈矩和犹豫拖延的。变得富有是我们共同的渴望，然而拖延的毛病经常耽误机会。我们总是有各种理由来拖延，并对机会加以拒绝。

"这位叙利亚人所说的话，我年轻时也不理解。我也丢掉了许多很好的贸易机会，但我一开始归咎于我失败的判断力，后来又认为是自己固执的性格造成的。最后我才发现，我那要命的拖延毛病，就是问题之所在。每当需要作出关键行动的时候，我往往没有行动。对于这样的性格，我简直抱以憎恨。我就像驾着一辆战车，但拉车的驴子得了癫狂症，这使我痛苦不堪。因此，对于这个阻碍我成功的敌人，我要竭尽全力摆脱它。"

叙利亚人说："我对你说的话表示感谢。你身穿锦衣，谈吐间显露出你的成功，而不同于穷人，那么，我有一个问题想请教你，当拖延的毛病在你耳边轻轻发出劝诱的声音时，请告诉我们你会不会听从。"

商人回答："对于自己拖延的毛病，我不能否认，也要克服掉，就像那位畜类买主一样。它真的就像个时刻盯着我的敌人一样，只要我将有所成就时，它就出来制止我。我的故事也不过是众多事例中的一个，同样，习惯性的拖延，也总是会赶跑我的机会。意识到自己有拖延的毛病，战胜它就不是难事。谁都不想自己的粮食被小偷偷走，敌人若要抢走自己的客户和利润，想必任何一个人也不会答应。

"此类拖延行为，确如敌人一般掣肘于我。明白了这一点，我就下定了克服它的坚强决心，这也是每个人应该做到的。如果我们连自己的拖延都管不住，还凭什么盼望着分享巴比伦的巨大财富？

"阿卡德，你的意见如何？在巴比伦的富翁中，数你有钱，许多人都认为你是最幸运的。对于我的观点即不清除拖延恶习则全面成功无望，你是否认可？"

阿卡德赞同地说道："你说的话切中了要害。无数有才干的人在我这一生中出现了，他们中的许多人获得了成功，或者在贸易上，或者在科学和教育上，他们都得到了机会。对于机会，有些人能够抓住并坚定地去实现心里最深处的愿望，但是，犹犹豫豫、不进反退，最后落伍的人还是占大多数。"

阿卡德转过头对那位纺织匠说："我们对幸运话题的讨论，是从你的提议开始的。现在你在这个话题上有什么想法，请告诉我们吧。"

纺织匠回答："我原先对幸运的看法是不同的。我曾把幸运理解成不劳而获的经历，而且可能所有人都最想得到它。我现在明白人们并不对这种事情感兴趣了。大家的讨论已经清楚地告诉我，唯有好好利用机会才能招致幸运。因此，如果未来还有机会降临于我，我一定会尽全力好好把握。"

阿卡德说：

对于包含在我们讨论中的真理，你已经完全领悟了。的确，我们已经发现，幸运现身的方式，一般尾随在机会背后，除此之外几乎没有别的方法可以令它现身。

幸运女神也曾把绝佳的机会降临到我们这位商人朋友身上，如果他当初接受了，可能最好的运气已经归他所有了。也就是说，这位畜类买主同样也可以在好运中享受成果，如果他当初买下那群羊并以高价卖出的话。

我们在这次讨论中探寻了找到和招揽幸运的方法，我认为我们已经找到了其中的几个方法。关于幸运是怎样在机会背后等待降临的，我们已经通过以上两个故事对此有所了解。接受面前的机会，我们就能够迎来好运，这一永恒真理就隐含在这些故事中。不过，至于里面的主角最后是否得到好运，则是他们自己的事。

一个人，只要有了抓住机会、建立财富的渴望，幸运女神一定会产生关照他的兴趣。谁让她感到满意，她就甘愿施以援手，而最能让她感觉满意的，就是那些果断行动起来的人。

　　你热切期盼中的成功，以行动为向导。谁会作出实际行动，幸运女神就眷顾谁。

第五章　黄金定律：钱生钱的秘密

智慧地利用黄金，黄金为我们带来利益
的速度，甚至将高出谷粮收获速度的几倍。

二十七个奴仆饶有兴味地听着卡勒贝伯老人家讲述，沙漠上火热的太阳把他们的脸晒成了古铜色。

　　卡勒贝伯问："一边是一个钱袋，里面装满黄金；一边是一块泥版，上面刻着智慧之言。如果你有机会选择，你要选哪个？"

　　他们异口同声地答道："黄金，黄金！"

　　卡勒贝伯会心一笑，手指外面说道："你们听，外面的野狗正在夜里狂吠，因为他们饿了。想想它们吃饱之后会有什么举动吧。不是打架就是趾高气扬地踱步，然后还会打架或者趾高气扬地踱步，只不过是越来越厉害。至于能否活到明天早上，它们压根儿不往那方面想。"

　　"人类何尝不是如此？当人们面临黄金或智慧的选择时，他们会对智慧弃之不顾，选择黄金并挥霍一空。对他们来说，黄金总会一去不复返，于是他们第二天一早就悔恨地大声哭嚎。黄金会为谁留下？只为那些懂得并遵守黄金定律的人。"

忽然，一股寒风在本已如斯寒冷的夜吹来，卡勒贝伯顺手拉紧了身上的白袍，继续道："在这样的长途跋涉中，你们曾忠心地服侍我，我的骆驼也受到了你们最好的照料。在炎热的沙漠中，你们任劳任怨地与我同行，当遭遇强盗时，你们为保护我的财物而进行了勇敢的抵抗。正是因为这些，我今晚要告诉你们一个闻所未闻的故事。这个故事，讲的是关于黄金的五大定律。

"听着！对于我接下来要说的，你们要时刻注意，因为你们将拥有无数黄金，如果你们领悟并遵守了其中真谛的话。"

卡勒贝伯神情庄重地停顿下来，暂时不说了。巴比伦的夜空现在是宝蓝色，它清澈透明，群星在上面闪耀。这一帮主仆身后的帐篷，就在星光的照耀之下。沙漠里就算会有暴风雨，这些帐篷也不会受影响，因为它们牢固地扎在地上。无数成扎的货物，罗列在帐篷旁边，有兽皮盖在其上。附近的沙地上零星有一群骆驼，有几头正在倒嚼食物，很满足的样子，此起彼伏的鼾声，从其他骆驼口中传来。

包扎货品的工头说话了："卡勒贝伯，我听你讲过许多故事。得到你的智慧，并在我跟你之间的雇工合同到期之后赖以为生，正是我所盼望的。"

卡勒贝伯说："我曾在陌生而遥远的国家冒险，我的经历已经告诉过你们，而今晚我说的故事，是关于最聪明的富翁阿卡德的。"

工头说："在整个巴比伦，他最富有，我们听到过许多关于他的事。"

卡勒贝伯说："确实如此。他之所以能够成为最有钱的人，是因为从来没有人像他那样精通管理黄金的方法。许多年前，在尼尼微，他的儿子洛麦希尔曾告诉我一个关于他的故事。我那时还是个少年，而我今晚就要告诉你们这个故事。

"有一次，因为帮主人给洛麦希尔带去多捆高质量的地毯，我跟主人一起出现在洛麦希尔的豪宅里，并留到了深夜时分。他的宅院如同宫殿一般。我们要洛麦希尔满意于他所试的每种颜色的地毯。结果他十分满意，并邀我们同坐，共饮美酒好让肚子暖和起来。那真是世间罕见的美酒。洛麦希尔很少这样款待他人。我们就是在那时听他讲述有关他父亲阿卡德智慧的故事的，而现在我要转述给你们。"

卡勒贝伯接着便讲述道：

你们都知道巴比伦的一个习俗，就是为了方便财产继承，富家子弟要一直跟父母住在一起。而阿卡德却是反对这一习俗的。因此，阿卡德在洛麦希尔成年时把他唤至面前，并给了他这样的训诫："我的孩子，由你来继承我的遗产自然是我所期盼的，但是你有智慧和能力管理它们吗？你要先证明你自己。怎样证明你有能力获得黄金并得到众人的敬重呢？我想让你到外面的世界去闯荡一番。

"我会给你两件我当年白手起家时所不曾拥有的东西，有了它们，你可以有一个良好的开端。"

"第一就是一袋黄金。你将来的成功，要以这袋黄金为基础，前提是你能够对其妥善地加以运用。"

"第二就是一块刻着'运用黄金的五大定律'的泥版。如果你能够把这些定律落实在行动上，它们为你带来的资产将是相当可观的，还会让你感觉是安全的。"

"你必须在十年之后回到我这里。你在外面挣来的资产，也当着我的面数清楚。如果你证明了自己值得拥有我的遗产，我就留给你；否则，祭司将得到它们，那样他们将恳求诸神让我的灵魂享受安宁。十年之期，就从今天开始算。"

就这样，洛麦希尔携一袋黄金和一块泥版骑马出门去闯荡了。那块泥版用丝绸包裹得很小心。按照跟父亲的约定，洛麦希尔十年之后返回家中。为了给他接风，阿卡德设下了丰盛的宴席，并邀请了许多亲友。在大厅旁边有一个座位如同国王的宝座一般。宴罢，阿卡德夫妇来到座位上，而洛麦希尔则立于他们面前。天已经暗下来，房间里充满烟雾，那是从昏暗油灯的灯芯里飘出来的。经过父亲的允许，洛麦希尔开始计算他从外面挣来的钱财。整个场面显得十分尊贵。烟雾被身穿白色外袍的奴隶用棕榈叶扑散了。在洛麦希尔身后的席子上，坐着他的妻子和两个幼子以及阿卡德家的亲友，对于洛麦希尔的闯荡经历，他们都想一听为快。

洛麦希尔慢慢地讲述起来："父亲，我要鞠上一躬，以赞叹您的智慧。我在十年前刚刚成年，您不要我坐等您的遗产落在我头上，而是要我出去闯荡，做一个出类拔萃的人。您大方地把一袋黄金和您的智慧给了我。可惜，我不得不说，我极失败地使用了那一袋黄金。事实上，我任何经验也没有，花光了所有这些黄金，如同一个青年第一次抓住一只野兔，却被它从手上逃脱了。"他的语气很恭敬。

阿卡德笑着表达了他的宽容，说道："说下去，我的孩子，我想听你的故事，任何细节都不要漏掉。"

洛麦希尔说："尼尼微是一座新兴的城市，在那里或许会撞上好运。怀着这一判断，我一出门就去了那里。我加入了一个在沙漠中旅行的商队，并结识了其中的几个人。在旅程中，我从两位朋友的口中得知，在尼尼微有一个富翁，他自信地以为自己手中的一匹马是神驹，能够跑赢天下一切马匹；能够超过它的马，在这个世上还没有出生呢。他立下赌约说，不管赌注多么高，他都愿意押自己的神驹。这两位朋友极善言谈，他们自己也有一匹漂亮至极、健步如飞的白马。他们也绝对自信地说，尼尼微那匹马只是一匹蠢马，他们的马可以轻易地战胜它。他们阔气地邀请我，让我也押他们的马，而我有些神往，就加入了这场赌马。结果，许多黄金被我输掉了，因为我们的马输得一塌糊涂。"

阿卡德只是一笑，没有说话，洛麦希尔继续说道："我后来才发现，这两个人是混在旅行商队中的骗子，而尼尼微的所谓神驹主人，是他们的同伙，骗来的赌注被他们三个平分了。他们经常干这种勾当。我外出闯荡第一堂功课的内容，就是这个奸计。很快，我在另一个更悲惨的功课中学到了教训。在旅行商队中，另外有一个年轻人，我跟他结识，关系很好。跟我一样，他是出身富裕家庭，也想到尼尼微去，并找个合适的安身之所。我们即将到达尼尼微时，他说那里刚刚死去一位商人，他有一间店铺，里面有丰富的商品，主顾也非常多，现在去接管的话，只支付一点钱就行。他提议说，我们应合伙买下那家店，不过要完全由我拿黄金支付，因为他必须先返回巴比伦去取黄金。我应允了这件事情，等他取回黄金，允许他跟我一起经营。"

"可是，自从他返回巴比伦之后，我很长时间没有见到他。后来再次证明，他很失败，愚蠢地随意挥霍金钱。最后，我要把他赶出我们共同经营的那家店面。然而，生意已经糟糕到极点，里面的货品都卖不出去，想添购新货，又没有黄金。后来遇到一个以色列人，我无奈地把店面转卖给了他，转让价格低得可怜。父亲啊，我后面依然是在凄惨中度过的。由于我没有受过任何职业训练，我跑断了腿也没有找到工作。为了有得吃，有地方可以安身，几匹马、奴隶、额外的名贵衣服，先后都被我卖掉了。然而，未来的每一天，我都越来越不敢花钱了。"

"但是，父亲对我的信心一直激励着我，即便我身处凄惨之中。我一定不能辜负您对我的期望，做一个出类拔萃的人。"

洛麦希尔的母亲听了这些，小声地掩面而泣了。洛麦希尔继续说：

"就在此时，我想起了您送我的刻着'运用黄金的五大定律'的泥版。我把您的这些智慧仔细念了又念，才明白提前读读它们就可以避免一切黄金损失了。我在每一条定律上精心钻研，并且下定决心，一定要摒弃年轻人愣头愣脑地乱撞，而让长者有智慧的教训指导行为；我要再次把幸运女神招到我身边来。今晚在座的各位，我父亲给我的智慧，十年前就已刻在泥版上，现在，为你们考虑，我要一一宣读出来。

运用黄金的五大定律：

一、黄金愿意进入这些人的家门：他把所得黄金的十分之一或更多存储起来，并为自己和家庭的未来支出它们。这样，他的黄金会越来越多。

二、黄金自愿殷勤地为这些人效劳：他智慧地发现，黄金可以作为获利工具。如果良好地利用了它，黄金为他带来得益的速度，甚至几倍地高于田地出产谷粮的速度。

三、黄金甘愿留在这些人的手中：他对黄金加以小心守护，并听从智者的意见，好好利用。

四、这样的人将丢失黄金：他投资了自己不了解的某个行业，或者其投资用意是个中高手所不赞成的。

五、一个人如果这样支付黄金，他将丢失并再也不能重得黄金：他听从不可能获利的建议或骗子的诱骗，或者自己没有任何经验，以及依靠自己天真的投资概念。"

"父亲为我刻下的'运用黄金的五大定律'，悉数如上，它们的价值远胜于黄金。现在，我要继续讲述我的故事，并称颂这些定律。"洛麦希尔再次转向父亲，继续说道：

"我在上面说到我生活困难到了极点，那是我缺乏经验所致，但我并没有处在无穷无尽的灾难之中。经过一番艰苦之后，我找到了一份工作。一群建造城墙外廓的奴隶，开始由我管理。拿到第一份工资后，我存下了一块铜钱，因为我已经懂得了运用黄金的第一定律。并且，只要有机会，我就会不断存钱，那些铜钱终于变成了一块银钱。然而我存钱的速度是很慢的，因为日常生活也需要花销。”

“我必须得说，我十分节省地花着每一分钱，因为我下定决心：父亲当初给我的那笔黄金，我要在十年之内赚回来。”

“奴隶的领班已经成了我的朋友，他有一天对我说：‘你这个年轻人，十分简朴，花起钱来从不草率。你是否已经存下一些自己收入之外的黄金？’我说：‘有。父亲给我的那笔黄金已经被我挥霍一空，现在积累黄金是我最热切期盼的事，我想补上它。’”

“他说：‘这可是雄心壮志，我支持你。你可知道你储存下来的黄金怎样为你赚更多的黄金？’我说：‘唉！我十分害怕再次走错一步，我曾经历非常凄惨的事情，结果丢掉了我父亲给我的所有黄金。’他说：‘如果你相信我，我愿意教你怎样让黄金生黄金。城墙外廓的工作，一年之内就会结束。为了防止敌人入侵，那时会有许多铜门安置在城墙四周的出入口上。建造这些铜门需要大量的金属，而全尼尼微的金属都不够用，国王现在也无计可施。’”

“奴隶领班说他有一个计划。为了提前供应尼尼微城门所需的金属，可以找一群愿意拿出自己所存黄金的人，所有这些黄金交给一支沙漠商队，让他们去远方产铜和锌的矿场买回金属。国王建造各城门的命令一下达，我们就把金属供应垄断起来，只剩下我们的金属，国王只好高价购买。即便国王不买，我们手里的金属也不愁能卖出合理的价钱。"

"运用黄金的第三条定律说，投资要听从智者的指导。我认为他的计划是一个实践这一定律的良机。我的预料最后成真了，我们的合资相当成功，几经辗转，我的那点黄金增加了很多。同时，我跟这一小群人搭伙，也在其他事业上进行了投资。他们个个都精通如何理财，无论哪次投资，每次都是在审慎地研究讨论之后才实行。那种轻率地投机以致丢尽本钱的事，或者没有看到获利潜力就盲目投入金钱，最后弄得无法脱身的事，他们都绝对不会做。我曾受到诱骗赌马，也曾在没有任何经验的情况下投资开店，如果把这些蠢事告诉他们，他们一定会认为我那是考虑不周的结果，并当场说明其中的风险在什么地方。"

"我通过跟这些人结交懂得，增加利润必须通过安全的理财方式。我积累财富的速度一年一年地加快，那些损失的黄金终于被我赚回来了，并且超出很多。父亲传授给我的'运用黄金的五大定律'，确实是放之四海而皆准的真言。这是在我经历不幸、历练和成功之后再次得出的证明。

"对于这五大定律，有的人不明白，他们的黄金总是慢进快出；相反，遵守这些定律并且践行这些定律的人，则黄金会源源不断地涌入，并像一个甘愿效忠于他的奴隶一样。"

说到这里，洛麦希尔就暂时停下了。他示意给屋子后边的奴隶，让他拎进三袋黄金。洛麦希尔把其中的一袋黄金放在父亲面前，然后说道："您曾给我一袋巴比伦黄金，看，我现在把同等重量的一袋黄金还给您，而且它们是尼尼微黄金。这个交换是等价的，对此大家应该都认可吧。您还给了我一块泥版，上面刻着智慧的言语，请看看吧，它让我赚出来的黄金，多出了两袋。"他把大家的目光引向奴隶手中拿着的那两袋黄金。

这么说着，洛麦希尔也把它们拿过来置于父亲面前，并说："父亲，这是我把您的智慧看得重于黄金的证明。黄金有价，人可以算清楚，然而智慧无价，谁又能算出？一个人就算拥有黄金，但他将很快因为没有智慧而失去全部黄金；一个人就算没有黄金，如果他拥有理财方面的智慧，黄金最后也会牢固地掌握在他手中。这三袋黄金，不就能证明这个道理吗？"

"我的父亲，我现在着实有一种极大的满足感，因为我可以站在您面前说我是一个富有且受人尊敬的人，而这都得益于您的智慧。"

阿卡德摸了摸洛麦希尔的头，满眼怜爱，并说：

"这些功课，已经被你透彻地领悟了。我的财产，终于可以由你这样的一个儿子来继承，这着实是我的幸运。"

卡勒贝伯的故事说完了，奴仆们还在聆听着。他看着他们，眼中若有所盼的样子。他继续对他们说道：

洛麦希尔的故事带给我们的启示是什么？你们可有谁会在理财的智慧上询问过自己的父亲或岳父？可敬的他们一定会这样："说起黄金，唉！我的钱总是不够花的，枉我过去在很多地方掌握了许多东西，在赚钱上也颇有收获。我花掉的黄金中，有些花得相当有智慧，也有一些很无知，然而损失的黄金中，多数还是由不明智的理财方式造成的。"

你们现在还坚持黄金接近或远离某些人全在于命运的想法吗？那种坚持是错的。一个拥有很多黄金的人，一定清楚地了解、运用和谨行关于黄金的这五个定律。我现在之所以是个富商，是因为年轻时就掌握它们了。我不是靠其他什么神奇的魔术累积财富的。来得快的财富，去得也快。

要经过漫长的时间才能积攒自己的财富，以让自己享受生活，感到满足，因为，在财富上面凝结着的是知识和矢志不渝的坚持。积累财富对想得深远的智者来说虽然也是个负担，但那是很轻松的。

背起这个担子后，要长年地坚持，永远不要改变初衷，那样的话，目标的实现就在眼前。

这五大定律能赐给实践者丰富的报偿。每一条定律都有意义，为了避免你们不重视我的故事，我要再重述一遍这五条定律。

我打心底里了解这每一条定律，因为我年轻时便见识到它们的价值。但是一直到我完全透彻地了解了这些定律，我才真正感到满足。

黄金愿意进入这些人的家门：他把所得黄金的十分之一或更多存储起来，并为自己和家庭的未来支出它们。这样，他的黄金会越来越多。这是运用黄金的第一条定律。

如能落实并坚持存下收入的十分之一，作出明智的投资，那么，对任何一个人来说，巨大财富的建立和将来收入源源不绝的保证，就都是可实现的。

进一步说，他的家人在他死后充实的生活也就有了保证。他的家门必定对黄金极具吸引力，因为有这一条定律在保证着呢。我的一生，正是这一道理的明证：当我的钱财积累得越来越多的时候，更多的钱依然在不断地涌入；我存下的黄金，生出来的钱越多，越能收获更多的钱子钱孙。第一条定律就是这么运作的。

黄金自愿殷勤地为这些人效劳：他智慧地发现，黄金可以作为获利工具。如果良好地利用了它，黄金为他带来得益的速度，甚至几倍地高于田地出产谷粮的速度。这是运用黄金的第二条定律。

黄金如果成了你的奴隶，确实愿意为你效力。每当眼前有机会，它都想为你赚回几倍之多的黄金，那是它热切盼望的。机会在每个善于利用黄金的人那里的用途，就是最大限度地发挥出自己的效果。日复一日年复一年，这些黄金增加的方式，将令你感到惊奇。

黄金甘愿留在这些人的手中：他对黄金加以小心守护，并听从智者的意见，好好利用。这是运用黄金的第三条定律。

对于谨慎管理自己的主人，黄金愿意紧密相随；对于毫不留意自己的人，它将很快逃走。一个人如果请教理财方面的智者或经验丰富者，其财富就能免遭危险并不断增加，这会使他满足；其资产亦将有安全的保证。

这样的人将丢失黄金：他投资了自己不了解的某个行业，或者其投资用意是个中高手所不赞成的。这是运用黄金的第四条定律。

在黄金的多种使用方法中，许多使用方法实际上处处可能遭受损失，但在占有黄金而且懂得如何使用的人看来，反而是有利可图的。有些获得潜力极小的投资，如果交给智者来分析，必能被判断出来。

因此，一个人如果拥有黄金但没有理财经验，就不能再以自己的判断在自己不了解的生意或项目上投钱；否则，他的那些钱总会打水漂，于是发现自己判断失误。有智慧的人，在投资时必定会听从投资高手的箴言。

一个人如果这样支付黄金，他将丢失并再也不能重得黄金：他听从不可能获利的建议或骗子的诱骗，或者自己没有任何经验，以及依靠自己天真的投资概念。这是运用黄金的第五条定律。

拥有黄金的人最初所遇到的投资建议，往往像冒险故事一样，既有诱惑力又很刺激，它们听起来好像能使财富具有魔力，它们所能够赚取的利润，好像多得超越常理。但是，有一点必须提防，那就是：危险就潜伏在任何一个可以让人一夜暴富的投资计划的背后。每个智者都明确地了解这一点。请不要忘记，无论是草率投机结果造成财产损失，还是在不可能获利的投资上下注结果无法脱身，都绝不是尼尼微的那群富翁会做的事情。

现在，我已经讲完了如何运用黄金的五大定律的故事，同时，我自己的成功秘诀也夹述其中了。然而它们只是秘诀吗？不，它们更是真理！每个人都必须要学会，不仅要学会，还要贯彻下去。只有这样，你才不会像野地里的狗一样每天都为吃饭而发愁，当学会了这些真理，你就可以改变了。明天，我们将进入巴比伦。看吧，火焰就在贝尔神殿的穹顶上闪耀，永远不会熄灭。

巴比伦布满黄金的愿望，不日即将变成现实。你们所有的人，明天就会拥有付给你们的黄金。你们理应得到那样的报酬，因为你们曾勤勤恳恳地服侍我。

从今晚开始，你们手中的黄金，十年之后会变成什么样子？你们会有人先从一部分黄金开始走向致富之路吗？就像洛麦希尔那样？对于阿卡德的理财定律，你们会有人严格遵行吗？

如果有人两者都能做到，那么，把未来的十年作为一场赌博，对他们来说也将是安全的。他们富有起来，并得到人们的尊敬，就像阿卡德的儿子那样。

我们的一生中，随处都会表现出此类明智的行为，为之满足，并从中获益。如果遭到厄运和痛苦，那是愚蠢之举带来的。

你们可不要忘记这些定律啊！

最令人痛苦的煎熬，莫过于想起了应该掌握的机会却未抓住的懊悔回忆，不断萦绕在脑海中。

巴比伦多得是财富，没有人能算出其黄金的总值。但是巴比伦人一年年下来，变得更加富有、更有价值。就像每块田地的财富一样，它们是一种报偿，等着要赐给那些渴望固守合理财富的人。你自己的欲望中，有一种神奇的力量。请以"运用黄金的五大定律"的知识来引导这种内在的神奇力量，你将会分享到巴比伦的财富。

第六章　五张当票：钱庄老板的金融课

　　财富在带来机遇的同时，也带来了烦恼。无论借方还是贷方，都要谨记——小心谨慎，才不会追悔莫及。

洛当是巴比伦的一位制矛工匠，此时，他正抬头挺胸，在巴比伦宫殿外的马路上高兴地走着。他的兜里从没有装过这么多黄金——足足五十锭！他每走一步，兜里的黄金就会发出叮叮当当的响声，在洛当听来，这是世界上最动听的声音。

　　这五十锭黄金都是他的了，真是难以置信！洛当怎么也想不通，为什么自己会这么幸运。

　　利用这些黄金，洛当可以将他渴望的东西全都买下来，比如：一幢华丽的房子、一块田地、一群牛或是一群马，就算是买下一辆战车都行。总而言之，只要他想要的，用这些黄金都能买到。

　　那么，他到底要如何使用这些黄金？这天晚上，洛当一直走到姐姐住所附近的街角时，这些沉甸甸的、亮闪闪的黄金还在他的脑中盘旋。这时候，世界上所有的东西对他来说都不重要了，这些黄金占据了他所有的思考。

几天之后，在一个傍晚，洛当走进了麦松经营的店铺。他的脸上写满了困顿。这是一家从事借贷业务、珠宝和丝织品买卖的店铺。洛当头也不抬地经过接待处，一直朝后面走去，对于店铺里各种各样的商品，他连看都没看一眼。

麦松斜靠在一条毛毯上，一个黑人奴仆递上食物，他悠然自得地享用着。

洛当的两腿是迈开的，身上的皮质外套敞开了一半，一些胸毛露了出来。

他在麦松跟前站着，神情呆滞地说：“我遇上点事儿，不知如何是好，想让你帮我出出主意。”

麦松面孔消瘦，面色棕黄，他微微一笑，善意地打了声招呼。然后他问洛当说：“怎么，干了什么蠢事吗？到钱庄来借钱吗？你赌钱赌输了？还是被哪个漂亮女人迷住了？咱们认识这么多年了，在我的印象中，你还从没跟我开过口呢。”

洛当解释道：“不不不！我不借钱，是希望你能给我指条明路。”

“什么？你不是开玩笑吧？你竟然找我这个放贷的人出主意？”

“我没开玩笑，我想听听你有什么忠告。”

“这样啊！原来洛当来找我是想听忠告，并不是为了借钱。你这招实在太有心计了。找我借钱的人很多，可想听忠告的人却一个都没有。这么说吧，作为一家钱庄的老板，我经常借钱给别人，所以我比任何人都适合给人忠告。"

停了一会儿，麦松接着说："这样吧，洛当，你今晚留下来，和我一起吃个饭吧。"

麦松把黑奴叫来，说道："安东，洛当是我的朋友，他想听听我的忠告，你要以对待贵宾的礼节侍奉他。你拿条毛毯给他，把最好的食物送上来，对了，上最大的酒杯和最好的酒，我要和他好好喝一杯。"

说完，麦松对洛当说："说吧，你碰到了什么麻烦？"

洛当说："是国王给我的礼物，我感到很苦恼。"

"哦？国王给你的是什么礼物？你为什么会感到苦恼呢？"

"是这样的，之前，我为国王的卫兵们设计了一种矛头，国王对我大加赞赏，赏给我五十锭黄金。自从得到这些黄金，我每天都惴惴不安，因为好多人都登上门来，想和我一同分享这笔财富。"

"哦，这也难怪。与拥有黄金的人相比，想得到黄金的人总是更多。他们都盼着你能把黄金借给他们，对吧？你就不会拒绝吗？我一直以为你的意志很坚定，就像拳头一样，难道不是吗？"

"对于大部分人，我能拒绝，可我总不能拒绝我的亲姐姐吧？要知道，她是我最亲近的人了。"

"这倒是，不过，你自己的姐姐并不希望剥夺你独享报偿的快乐吧。"

"可是，她开口向我借这些黄金，说想让丈夫阿拉曼去做点生意，将来成为一个有钱人。她还说，以前阿拉曼没什么机遇，现在这些黄金正好是他的机遇，等他赚钱了，就能慢慢还给我了。"

听到这里，麦松开口说道：

　　朋友，这件事很有商讨的价值。黄金给人带来了责任，与此同时，也改变了人的身份和地位。人一旦拥有了黄金，就会日夜担心，怕丢失，怕被骗。黄金给人以力量，想象中美妙的事情都可以通过它来实现。不过，对于心地善良的人来说，黄金除了带来机遇，也带来了烦恼。

　　在尼尼微，曾经有这样一个农民，他可以听懂动物说的话，这个故事你听过吗？在制铜工匠的作坊里，这种故事肯定不会有人讲起，我也不认识这类人。我之所以想把这个故事说给你听，是因为我想让你明白一个道理，那就是，从表面上看，借钱这种事只不过是钱在借贷双方手里周转了一下，可实际上却没有这么简单。

故事是这样说的，为了了解动物们每天都在说什么，每天傍晚，这个农民都会去农场偷听。一天，一头公牛向一头毛驴抱怨说："命运真是不公平啊！你看我，一天到晚都要拉犁，忙个不停。无论天气炎热，四肢发软，还是脖子上磨破了皮，我都不能休息。你倒好，整天身上披着彩色的毛毯，除了驮着主人出门，其他的事什么也不用干。要是主人不打算出门，你就可以一整天闲在家里吃草。"

这头毛驴的两条后腿很厉害，不过，它把公牛当作好朋友，听了公牛的诉说，它心里很不好受。于是，它对公牛说："老兄，我知道你挺累的，这样吧，我教你一个好办法。明天早上，主人的奴仆再让你去干活，你就躺在地上呻吟，这样一来，他就会认为你病了，不会让你去干活了。"

听了毛驴的建议，公牛认为可行。第二天早上，公牛按毛驴教它的那样装病。奴仆告诉主人说，公牛恐怕不能出去干活了，因为它病了。农民说："既然如此，就让毛驴代替它去吧！无论如何，田里的活可不能耽误。"

直到这时，毛驴才意识到，为了帮助公牛，它必须顶替它干一整天的活。辛苦了一整天后，直到夜幕降临时，它才回到棚里。卸下一身的重负时，它浑身发软，脖子也磨破了皮，它的心里别提有多难受了。

这时，农民又去听它们在说些什么。

公牛说道："老弟啊，你可真够朋友。正是因为听了你的建议，我才能好好地休息了一天。"

毛驴却抱怨道："得了吧！为了帮你，我受了一天的累，我觉得自己和那些天真的人类没什么两样。从明天开始，自己的活自己干去吧。告诉你，我可听见主人说了，要是你的病还不好，他就要把你卖掉。你这么懒，我巴不得主人赶快把你给卖了。"

从此以后，两只动物谁也不跟谁说话，它们的友谊破裂了。

洛当，听完这个故事，你领悟到什么没有？

洛当说："故事虽好，可我还是不太明白这里头说的究竟是什么道理。"

麦松说："我就知道你会这样。这个故事告诉我们一个道理，遇到需要帮助的朋友，你不是不能帮，但是你要清楚，帮助别人的同时，你不能为他背负重担。你懂了吗？"

"是啊，有道理，我怎么没想到呢？我也不愿意在帮助姐夫的时候，把重担转到自己身上来。可是，有一件事我想问问你，你开钱庄，一定借出过许多钱，向你借钱的人都还了吗？"

在这些事情上，麦松颇有经验，他微笑着回答："你是说，向我借钱的人，如果还不起，我该怎么处理，是吧？这么说吧，借钱给别人的人谁都不是傻瓜：把钱借出去之前，要审时度势，要想想借出去的钱究竟能否收回来；还要想想，借钱的人是否有能力好好使用这笔钱，如果他没有好的规划，借出去的钱很可能就收不回来了。跟我来，我领你去仓库看看，里面都是借钱的人抵押给我的东西，每一件东西都是有故事的。"

来到仓库之后，麦松拿出一个箱子。箱子上铺着一层红色的猪皮，长宽都和他的胳膊长度差不多。箱子的每一个面上都镶嵌着铜片。麦松把箱子放在地上，蹲下身子，双手放在箱盖上，说道：

所有来借钱的人，我都要让他们拿出财物来抵押。我把这些抵押物放在一个个箱子里，有朝一日，他们还清了所有借款，才可以赎回这些东西。当然，有些人无力还债，那么，这些东西就可以给我提个醒，告诉我哪些人不值得信任。

从这些抵押物的箱子中，我明白了一个道理，那就是，只有借款人的抵押物价值大于所借钱款时，这种借款才是有保障的。如果他们无力还债，他们可以用田产、珠宝、骆驼或者是别的东西来抵债。

我把来借钱的人分为三类。

第一类，是有抵押物的人，而且他们的抵押物价值要高于所借钱款。抵押物可以是珠宝，也可以是房产，如果他们不能还清债务，我就可以拥有这些珠宝或房产。在借出钱款之前，我会对抵押物的价值进行估算。因此，对于这类借款，我很有信心，一定可以连本带利收回来。

第二类，是有一技之长或者固定收入的人，你就属于这类人。这些人收入稳定，踏实肯干，如无意外，他们一定能还清借款，并且支付议定的利息。对于这类借款，我也有一定把握，我的依据是他们个人的辛勤劳动。

第三类，是一无抵押物，二无一技之长或固定收入的人。这类人生活艰难，对于这种艰难的处境，他们中有些人根本无法忍受。对于这类人，如果有人担保，我也愿意借钱给他们，即便他们身无分文。不过，为了谨慎起见，我必须确认担保人是否可靠。

　　说完，麦松打开箱盖，洛当又忍不住凑过去看。

　　在箱子的最顶层，放着一条项链，项链下面铺着一块红色的布。麦松把项链拿在手上，一边轻轻抚摸，一边说道："这条项链的主人已经不在人世，所以它将永远躺在这个箱子里了。项链的主人是我的好朋友，他留下的抵押物和钱财，我会一直好好收藏。他在世的时候，我和他合伙做过生意，我们的合作很愉快。不久之后，他娶了一位外国妻子。他的妻子和我们国家的女子不同，是个东方美人，说实话，她确实光彩夺目。为了取悦妻子，我的这位朋友不知花了多少钱。直到最后，他几乎倾家荡产。一天，他满脸沮丧地出现在我面前，让我给他想想办法。我劝慰了他，并且表示会助他一臂之力。他以神之名向我起誓，一定会重整旗鼓。可是后来，事情不尽如人意，他失败了。有一次，他和妻子发生争吵，他的妻子一怒之下拿起刀来，刺进了他的胸口。"

　　"后来呢？他的妻子怎么样了？"洛当追问。

麦松把那块红布拿在手里，说道："看，这就是她留下来的。杀死丈夫之后，她心中后悔不已，最终，她跳进了幼发拉底河，死了。此前，他们向我借了两笔钱，事到如今，他们永远也无法偿还了。洛当，这个箱子的启示就是，不要借给心境苦闷的人，这种借款一点都不可靠，你明白了吗？"

讲完了这个故事，麦松又拿起一个用牛骨雕刻的印章，接着说道："瞧瞧，这件抵押物是一个农民的，他的情形可不一样，他的妻妾会织毛毯，我经常去光顾。有一年闹蝗灾，他们一家人连饭都吃不上了。他第一次来找我的时候，我把钱借给了他，让他等到收成好的时候，再把钱还给我。后来，他听一个外地人说起，远方有一批山羊，这批山羊的毛质柔软，要是用它们的毛织成毛毯，一定会是整个巴比伦中最漂亮的。因此，他再次登门，向我借钱做这笔生意。我答应了他。我是这样想的，如果他能把那批山羊运回来饲养，那么隔年之后，等他织出精美绝伦、价格不菲的毛毯后，巴比伦所有的达官贵人们都会去争相购买。这样的话，我还愁他还不清借款吗？依现在的情况看来，他很快就能赎回这个印章了，而且他也向我郑重其事地保证过，一定会还清欠款。"

"哦，这种做法可行吗？还有没有别人这么做？"

"当然可行，不过前提是，他们借钱是用来做生意的，而且可以赚到更多的钱。我必须提醒你，如果借钱的人是想去挥霍，那这种借款多半是收不回来的。"

洛当拿起一只金镯子，这只镯子上镶嵌着各种宝石，款式精美。他问道："这只金镯子有什么故事，能告诉我吗？"

麦松打趣道："哈哈，朋友，看来你对女人的事更感兴趣。"

洛当说："在这方面，我可比不上你。"

"这倒是。不过，这只金镯子背后可不是什么浪漫的爱情故事。它的主人是个老太婆，一身肥肉，一脸皱纹。她经常啰啰唆唆地说个不停，而且词不达意，搞得我一个头两个大。过去，她家境非常好，我们经常合作，一直没出过什么问题。可是后来，她落魄了，来跟我借钱，说想让她的儿子做点生意，与沙漠商队合作，到各地去倒卖货物。没成想，那伙人趁她儿子睡着的时候，拿走了他的钱，然后偷偷溜走了。他一个人被抛弃在荒漠里，叫天天不应，叫地地不灵。我想，可能他以后会慢慢地把钱还给我吧。不过在此之前，我一分钱的利息都得不到，还得听他母亲继续啰唆。但是有一点我必须承认，与她所借的钱相比，这些首饰的价值更大。"

"在借钱的时候，这个女人有没有向你征询意见呢？"

"她没问过这个。当时，她一心只想让儿子出人头地，成为有头有脸的人。对于反对的意见，她根本就听不进去。有一次，我忍不住提醒她，可她当时就翻脸了，还狠狠地骂了我一顿。其实，我早就看出来了，她的儿子年纪小，阅历又少，贸然去做生意，迟早会吃亏的。可是，她坚持当儿子的担保人，除了把钱借给她之外，我一点儿办法都没有。"

说完，麦松又指着一捆绳子，继续说道："这捆绳子是内贝图留下的抵押物。他是个骆驼商人，借钱是为了生意上的周转，我答应了他。因为我相信他的能力，他为人精明，在做生意的时候，头脑冷静，所以我很放心。很多巴比伦的商人和他一样，做生意的信誉很好。这些人来来回回在我这里抵押，周转。我愿意对他们施以援手，因为他们是巴比伦的财富，有了他们，巴比伦才会兴旺发达。"

麦松又拿出一个用绿松石雕刻成的甲壳虫，然后随手往地上一扔，鄙夷地说："这只恶心的虫子是埃及人的。宝石的主人是个埃及的年轻人，对于能不能还清欠款，他毫不在意。有一次，我去向他讨债，他对我说：'你没看见我现在这么倒霉吗？我还不起，宝石是我爸爸的。我爸爸还有些田地，会帮我干一番事业。'说起这个年轻人，一开始的时候，他生意做得还不错，可是他这个人阅历尚浅，又急于求成，所以没过多久，他就一败涂地了。"

说完这个故事，麦松语重心长地说："人在年轻的时候，总是踌躇满志，为了得到财富和渴望的东西，往往想找一条捷径。因此，他们不经思考就会跟人借钱。他们根本不了解，这种借款是一个无底洞，一旦深陷其中，就很难翻身了。此后，他们只能日夜承受痛苦的折磨。其实，对于年轻人借钱的问题，我并不反对，我甚至还支持他们这样做。不瞒你说，我当初就是靠着借到的第一桶金，才会发展到今天。不过，我的经验是，这种借款一定要理性。一般来说，这种年轻人登门的时候，都是一脸沮丧，漫无目的，他们根本不会为还清欠款而付出辛苦，可是，真要让他父亲用田地来偿还我吗？我狠不下这个心。"

　　洛当想了想，问道："这几个故事都挺有趣的，不过，这和我问的事情有什么关联呢？我想不明白，你能不能直截了当地告诉我，我到底应不应该把那五十锭黄金借给我姐夫？"

　　"我认识你姐姐，她是个有诚信的女人。如果她丈夫来找我借钱，那我肯定会问他，想用这些钱做什么？如果他说，想用这些钱做生意，倒卖珠宝或者是装饰品。那么，我就会问他，对这个行当了不了解，在哪里可以进到质优价廉的货，又准备把这些货卖给什么样的人。依你对你姐夫的了解，他对这些事情有把握吗？"

洛当老老实实地说："他以前在我店里帮过忙，还在其他几间店里干过活，他应该不了解你说的那些事。"

"既然是这样，那我告诉他，他借钱的理由并不充分。想要经商，必须对经营的行业有一定的了解。他不是很有抱负，不过都是天马行空的幻想而已，我不会把钱借给这种人。如果他说，他知道从哪里能进到物美价廉的货物，还和一些有钱人打过交道，那些有钱人会买他的货。那么，只要他保证能够还钱，我愿意把钱借给他。如果他说，他没有抵押物，只能用诚实作为担保，并且会支付利息，我也不会借钱给他，因为他在进货的途中很有可能碰上强盗，那么到时候，他将无法偿还欠款，我的钱也就泡汤了。知道吗？洛当，在借贷行业，黄金就是一种商品。把黄金借出去，实在是再容易不过的事了，可是，因为思虑不周，这黄金可能就再也回不来了。除非借钱的人能够给你充分的保障，否则绝对不能把钱随随便便借出去；这太冒险了，不是明智的做法。"

麦松接着说道："你可以帮助身处困境的人，可以帮助命运坎坷的人，也可以帮助做事业的人，这些人将来很可能变成了不起的人，但是，帮着这些人是有前提的。你要考虑清楚，不要像故事里的毛驴那样，因为一时热心，结果自己不得不受苦受累。洛当，请你谅解，我不得不绕个弯子来对你说，请你一定要谨记，那五十锭黄金，你一定要好好把握。那是你凭辛苦劳动赚来的，如果你不愿意，谁也没资格跟你分享。如果你想把它们放出去收利息，请记住一点，不要把它们都放给同一个人，要分散开来，这样的话，可以降低风险。"

"把钱白白搁在那里闲着，我不愿意，可是，有风险的事我更不愿意去做。"

"告诉我，你做工匠几年了？"

"整整三年了。

"那么，不算国王赏给你的黄金，你自己攒了多少？"

"三锭黄金。"

"你整天辛辛苦苦地干活，舍不得吃，舍不得穿，一年只能攒下一锭黄金喽？"

"没错。"

"这么说，你要五十年才能攒下国王赏赐的这笔黄金。"

"是的，我恐怕要用一辈子才能攒下这么多。"

"好好想想吧！为了让丈夫去做生意，你姐姐竟然舍得让你用五十年的代价来成全，她有没有考虑过你的处境呢？"

"用这种话来回复我姐姐，我恐怕说不出口。"

"你就跟她这么说：'这三年，我每天起早贪黑，节衣缩食，一年才攒一锭黄金。我把姐姐当成最亲近的人，所以，我也和你一样，希望有朝一日，姐夫能成为成功的商人。如果他能把做生意的计划告诉我的朋友麦松，那我就愿意把钱借给姐夫，让他成就一番事业。'你把这些话说给你姐姐听，如果你姐夫有这个志向，他一定会努力证明自己的，就算他没有成功，也会想办法把钱还给你。洛当，我用在做生意上的资金并不是我的全部家当，我只想在保证我衣食无忧的前提下，尽量去帮助有需要的人。为了帮助别人而担负风险，这是不可取的。"

麦松继续说："洛当，现在，我已经把这些箱子背后的故事告诉你了，从这些故事里，你可以看出人性的弱点，还有他们借钱时的投机心态，他们想借钱，但是却不清楚自己是否有偿还能力。另外，这些人一旦借到了钱，他们赚钱的可能性究竟有多高，假如他们并没有偿还能力，或者说，他们并没有做生意的经验和常识，那么，他们的梦想多半会破灭。洛当，妥善使用这些黄金吧，它们可以为你创造更多财富。如果你没有好好把握，让这些黄金从手上溜走了，那么你将来一定会后悔莫及。现在，请告诉我，你想好该怎么做了吗？"

"是的，第一步，我得好好保管它们。"

麦松点了点头，高兴地说："太好了！小心驶得万年船。你想想，如果你姐夫得到了这些黄金，他能妥善处置吗？"

"未必，他没有这个才能。"

"既然如此，就不要因为所谓的责任而借钱给他人。想要帮助别人，办法多的是，不一定非要倾尽所有。记住，黄金不会留在愚蠢的人手中。把钱借给了别人，结果让别人挥霍一空，那还不如自己享受一番呢！那接下来你打算怎么办？"

　　洛当说："第二步，我想让这些黄金为我创造更多的财富。"

　　"你终于开窍了。以钱生钱，是最明智的做法。以你现在的年龄来说，如果谨慎地把黄金借出去生利息，不用到你年老的时候，就能赚回同样多的黄金。"

　　"相反，如果你贸然借钱出去，那么，你损失的将不只是黄金，还有很多机遇。"

　　"所以啊，有些借钱的人满脑子都是不着边际的计划，他们自以为会发大财，可事实上，他们没有做生意的经验和技巧，只不过是痴人说梦而已。渴望致富、拥有财富和乐享人生，这些一点错都没有，可你随时随地都要谨慎。贪图多赚而借钱出去，无异于引狼入室，结果一无所有。"

　　"你应该多和那些有经验的富商们接触，在他们那里，你能学习到很多理财的成功经验。在有保障的前提下，你的钱财才有可能越积越多。"

　　"有些人曾因神明恩赐，拥有许多财富，可是他们没能好好地把握，最后一无所有，希望你不会步他们的后尘。"

对于这些语重心长的话，洛当受益匪浅，正想表达谢意，麦松却接着说："从国王赏给你的这些黄金中，你应当领悟到许多道理。你必须时刻小心，才能保住这笔财富。也许你以后会遇到许多钱财方面的考验，也会有很多人告诉你应该怎样去投资。与此同时，你还将面临许多发家致富的机遇。真心希望你能从这些箱子背后的故事中吸取教训，把钱借出去之前，好好衡量一下。如果你以后遇到什么疑难，请随时过来，我愿意为你答疑解惑。"

"临走之前，请牢记我刻在箱子上的警言——小心谨慎，才不会追悔莫及。对于借贷双方来说，这句话都同样适用。"

第七章 城墙的启示：如何保护你的财富

古往今来，渴望受到保护是人的天性。
有了强有力的保障，我们就算遭遇不幸，也
不至于措手不及。

巴比伦国王率领主力部队远征，打算进攻东方的埃兰人。在他们还没有班师回朝的时候，亚述国王忽然发动全国上下的兵力，从北面向巴比伦展开进攻。此时，驻守在巴比伦中的兵力很少，没有人料到，亚述国王会在这个时候突然发动进攻。如果巴比伦城墙失守，那么，整个巴比伦王国就会倾覆。

　　年迈的班扎尔以前是一位了不起的士兵，此时此刻，他正驻守在通往巴比伦城墙顶部的通道上。在他上方，还有许多全副武装的士兵们，他们都决心誓死保卫城墙。这场战役是否能胜利，决定着巴比伦城中上万百姓的生死存亡。

　　敌军骑在战马上，在城墙外发出挑战，城门受到攻城锤猛烈的撞击，那声音刺痛着人们的耳膜。一些士兵手里握着枪，站在城门后面的街道上，一旦城门被撞开，他们便马上攻击敌人。许多面色惨白的百姓围在班扎尔周围，不停地问这问那。不断有伤亡的士兵被担架抬下来，百姓们看到他们，心里更加惊慌。

巴比伦已经被敌军围困了三天，此时，敌军忽然向班扎尔身后这段城墙和城门发动猛攻。战役到了最紧要的关头。

在城墙下，敌方弓箭手不断射击，一个接一个的敌军爬上城墙。为了抵御敌军，守卫的士兵们有的用箭射击，有的用刀剑拼杀，还有的用滚油往下浇。

由于班扎尔是第一个知道敌方进攻的人，了解最新的战况，因此人们都想从他口中探听消息。

一位年迈的商人拨开人群，颤声问道："请你告诉我，敌军会不会攻进城里？我的儿子随国王远征去了，家里无人护卫，如果他们攻进城来，我家里的粮食和财物都会被他们洗劫一空，我和妻子年纪都大了，到时候，我们会被活活饿死的！你快告诉我，他们会不会攻进来？"

班扎尔说："这位老人家，请镇定。我们的城墙坚固无比，它会保护我们所有人的安全，请回去告诉你的妻子，我们一定会平安无事的。现在，请你躲到城墙脚下去，免得被敌人的弓箭所伤。"

年迈的商人下了城墙。

一个女人走上去，怀里还抱着一个婴儿，她问道："请你坦白地告诉我，现在的战况如何？我丈夫正在发高烧，可他说，敌人要是攻进城来，几乎烧杀抢夺，无恶不作，他一定要拿起武器保卫我和孩子。"

班扎尔说道："你是一位好母亲，请相信我，巴比伦的城墙牢不可破，它一定会保护你和你的孩子。我方士兵士气高昂，他们把滚油倒在敌军身上，你听，敌军正发出一声声惨叫。"

"的确如此，可是，我也听到敌人用攻城锤狠狠地撞击着城门。"

"不用怕，我们的城门坚固着呢！回去告诉你的丈夫，不管是他们撞击城门也好，还是爬上城墙也好，我们都能应付。现在，你要做的就是找个安全的地方躲一躲。"

这时，一部分增援部队来了，他们需要将重武装运到城墙上，班扎尔将人群疏散开。

忽然，一个小姑娘拉住了班扎尔，问道："叔叔，城墙外的声音真吓人，我看到好多人流着血，请你告诉我，我的家人会安然无恙吗？"

久经沙场的班扎尔低头看了看小姑娘，回答道："小姑娘，别怕。这座城墙是在一百多年前瑟蜜拉米丝女王下令建造的，当时，女王陛下就是希望它能守护城中的百姓。你放心吧，这座城墙还从没有被攻下过，它一定会保护你们全家的。"

一天又一天过去了，班扎尔始终驻守在岗位上，前来支援的部队一批接一批地冲上城墙，与敌人殊死搏斗，不断有人受伤，也不断有人阵亡。一直有慌乱的百姓围在班扎尔周围询问，可是，不管对谁，班扎尔的回答都是："请放心，巴比伦的城墙坚固无比，它一定会守护你的。"

　　三个多星期过去了，敌人依然疯狂地进攻，丝毫没有撤退的迹象。城中的街道上鲜血成河，尸体堆积如山，班扎尔的神情一天比一天严峻。

　　又过了一个星期，战争的硝烟逐渐散去。这天早上，当太阳升起来的时候，敌军终于撤退了。城中的士兵和百姓齐声欢呼，几个星期以来的恐惧终于一扫而光。

　　胜利的烟火从贝尔神殿的塔顶冉冉升起，蓝色的烟火向远方传达着这个喜讯。

　　巴比伦的城墙又一次抵御住了敌人的侵袭，守卫了城中的百姓和财产。正是因为这座牢不可破的城墙，城中的居民才能世世代代享受着安宁与和平，免遭敌人的侵扰和抢夺。

　　巴比伦城墙的故事告诉我们一个道理，那就是：渴望受到保护是人的天性，不仅古时候如此，现在也是一样。不过随着时间的推移，保护我们的"城墙"也越来越多，这些"城墙"不光可以保护我们的生命，还可以保护我们的财产，它们就是保险、储蓄和安全的投资。有了它们的保护，我们就算遭遇不幸，也不至于措手不及。对于我们任何人来说，建立起适当的保护是必不可少的。

第八章　骆驼商人：有志者事竟成

同样面临困境时，骨子里是奴隶的人会
想方设法找借口，骨子里是自由人的人会拼
尽全力寻找出路。

阿祖尔的儿子塔卡德已经两天没吃东西了。刚才，他偷偷从别人的园子里摘了两个小无花果扔进肚子，他刚想再摘一个，女主人就把他赶出了园子。他一直跑到大街上，那个女人还在骂骂咧咧的。

那个女人尖锐的嗓音令塔卡德心有余悸，因此，路过市场的水果摊时，他没敢伸手，水果摊的老板也是个女人。

塔卡德心想："我之所以会沦落到今天这个地步，完全是自己的软弱造成的。事到如今，我根本没脸说自己是个自由的人。"

人越是在饥饿的时候，对食物越是敏感，头脑也往往格外冷静。

以前，塔卡德从没有注意到巴比伦集市上的食物从何而来，他也从没有感觉到，原来食物的香味竟然如此诱人。

他从市场穿过，来到一家旅馆门前。他在门口绕来绕去，心想："旅馆老板知道我身上没钱，肯定不会给我好脸色。如果能在这里碰上熟人，跟他们借点钱，旅馆老板就能对我笑脸相迎了。"

正在他想得入神时，没想到撞上了一个他最不希望见到的人。这个人就是骆驼商人达巴西尔。塔卡德曾经向许多亲朋好友借过钱，达巴西尔就是其中的一个。他欠达巴西尔的钱拖了很久，还没还呢。

达巴西尔把脸凑到塔卡德跟前，说道："哎呀，塔卡德！我正到处找你呢，想不到竟然在这遇上了。两个月前，你跟我借了两个铜钱，对了，很久以前，你还跟我借了一枚银币，也没还呢，你什么时候还啊？你怎么不说话，快说啊，什么时候还钱？"

塔卡德羞得满脸通红，但是，他这两天粒米未进，身上一点力气都没有了，实在无法应付心直口快的达巴西尔，只好低声说道："对不起，我现在身无分文，恐怕没办法还你。"

达巴西尔气得直跳脚，高声说道："什么？你连几个铜钱和银币都攒不下？你忘了当初你遇到困难的时候，我和你爸爸于心不忍，想帮你渡过难关，你就这么回报我们吗？"

"我也不想这样啊，可是不知为什么，我干什么都不顺利。"

"拉倒吧！你自己软弱无能就算了，还把责任归咎于命运。知道你为什么一直不顺利吗？那是因为你总借钱，却不想怎样去偿还。哎呀，饿死我了！这样吧，你随我进旅馆去，我要吃点东西，让我来给你讲个故事。"

达巴西尔一番毫不客气的话让塔卡德感到很难堪。不过，既然他邀请自己去旅馆享用美食，塔卡德只好乖乖跟在他身后。

来到旅馆的一个角落，达巴西尔坐在一块毛毯上。店主人考斯柯满脸堆笑地走过来招呼。达巴西尔爽快地说道："你这只沙漠里的肥蜥蜴！我饿坏了，给我上一盘山羊腿，煮得烂一点，多加些佐料，另外，再来点青菜和面包。对了，外面热得要死，这个年轻人是我的朋友，给他来一杯冰水。好了，快点上吧！"

听他说完这番话，塔卡德的心像坠入了冰窖一般。达巴西尔准备让饥肠辘辘的他喝冰水，而自己却在一边大吃大喝。哦，天呐！

塔卡德一声不吭，气氛有些尴尬，可达巴西尔一点也没有留意到，他时不时微笑着向周围的客人们招手致意。

过了一会儿，达巴西尔对塔卡德说："有一个刚刚从乌尔返回的旅行者对我说，他在旅行途中遇到了一个富商，富商有一块黄色的石头，这块石头薄得几乎透明。富商把这块石头镶嵌在窗子上，用来遮风挡雨。获得富商的许可后，旅行者通过这块石头向窗外看，他发现了一件非常奇怪的事。他说，从这块石头中，可以看到色彩纷呈的奇幻世界，与真实的世界完全不同。这简直令人难以置信！塔卡德，谈谈你的看法怎么样，你觉得他说的是不是真的？"

这时，店主人把羊腿端了上来，塔卡德看得直流口水，支支吾吾地回答说："这个，这个……"

达巴西尔说："我以前就见过另一个色彩不同的世界，所以我相信他说的话。让我来给你讲一讲这个故事吧！"

旁边的客人们交头接耳，纷纷说："嘿，达巴西尔要讲故事了！"

于是，周围的客人们全都聚拢过来，想听达巴西尔讲故事。这些人有的拿着羊腿走来走去，有的坐在塔卡德身边狼吞虎咽，谁也没有理会饥饿的塔卡德。而达巴西尔呢，他也没有把食物分给塔卡德的意思，塔卡德留意到，他手中的窝头有一小块掉在了地上。

达巴西尔一边嚼着羊腿，一边说道："我给你们讲讲，我当初是怎样当上骆驼商人的。过去，我曾在叙利亚当过奴隶，这件事你们有的人或许还不知道吧？"

听到这里，众人不禁大吃一惊。达巴西尔心满意足地咬了一口羊腿，接着说道：

　　我父亲会做马鞍，他有一家打铁铺，年轻的时候，我跟他学做生意，在店里打打下手。那时，我结了婚，因为没有别的手艺，赚的钱少得可怜，只能勉强维持生活。我非常向往那些奢侈的东西，尽管我根本无力购买。后来，我察觉到，虽然我时常拖欠还款，但一些店主人还愿意继续把华美的衣服和奢侈的物品赊给我，当时，我年轻不懂事，不知道这种入不敷出的生活将会把我带进痛苦的泥潭，所以为了妻子和家人，我还是不停地买这买那，毫不在意债务越积越多。好景不长，终于有一天，我到了山穷水尽的地步。那时，我才发现，想要买那些华美的东西，仅凭有限的收入是无法满足的，我只能不停地赊欠，而这些债我根本无力偿还。店主人纷纷找上门来，逼我还债，我的生活开始变得一团糟。为了还店主人的钱，我只能向亲朋好友去借，可是，他们的钱我也还不起。就这样，我的日子越来越艰难，后来，我妻子实在无法忍受这样的生活，一个人回娘家去了。她离开我之后，我觉得我不能继续留在巴比伦了，要去外面

143

闯荡一番。

　　此后的两年间，我混迹于各个沙漠商队，可惜一直很倒霉。后来，我遇上了一伙强盗，他们专门抢劫没有反抗能力的沙漠商队。当时，我好像通过变色的石头看待这个世界，根本不知道这种无耻的行径将会给我带来什么样的后果。

　　第一次，我很轻易地得手了。我们抢到了一大笔金银财宝，然后去吉尼尔城大肆潇洒了一番。

　　但是第二次，我们却失手了。我们抢到了财宝后，被商队的护卫队抓了起来。我和很多同伙一样，被剥光了衣服，带到大马士革的市场上变卖为奴。一个叙利亚沙漠部落的首领花了两个银币将我买了回去。他把我的头发剃光，在腰上缠了一块布，和所有奴隶的打扮别无二致。

　　一开始，我并没有意识到自己面临的是什么处境。后来有一天，主人把我带到他的四个妻妾面前，让她们随便使唤我。直到这时，我才知道自己大难临头。

　　当时，我手无寸铁，而且这个国家的男人们又都骁勇善战，所以，我除了乖乖地听话之外别无选择。

　　我胆战心惊地站在主人的妻妾面前，希望她们当中能有人可怜我的遭遇。

我把目光投在主人的大老婆身上，这个女人年纪最大，名叫茜拉。她神情冷漠地看着我，我觉得她不太可能为我说话，所以我转过去看另一个女人。这个女人长得非常漂亮，可惜她也非常高傲，从她的眼神中，我感觉到，我在她心里和一条蚯蚓没什么两样。另外两个女人很年轻，她们像看笑话一样看着我。

我在这些女人面前站着，就像等待宣判一样难熬。一开始，她们谁也没有说话。后来，茜拉冷冰冰地说："我们谁都不缺奴隶，可是那些人都笨得要命，谁都不会使唤骆驼。我听说母亲病了，今天想回一趟娘家，老爷，你问问他会使唤骆驼吗？"

当主人问我的时候，我按捺住兴奋的心情，平静地回答道："我懂得让骆驼趴在地上的方法，还会使唤它们拉货，让它们即使走再多的路，也不会感到疲倦。另外，如果套骆驼的部件出了问题，我也懂得怎么修理。"

主人说："嗯，这个奴隶懂得还不少。茜拉，就让他为你效劳吧！"

就这样，我成了茜拉的奴隶，负责护送她回娘家。借此机会，我先向她表达了谢意，然后告诉她我的遭遇。我说，我的父亲是巴比伦的马鞍匠人，我是一个自由人，并非一生下来就是奴隶。除此之外，我还对她讲起了很多以前的事。

可惜，她的回答令我大失所望，不过后来，每当回忆起她的话，我都觉得受益匪浅。

她说："你怎么好意思说自己是自由人呢？正是因为你的软弱无能，才会落到今天这个地步。一个人如果骨子里软弱，那么，就算他不是生来的奴隶，有朝一日，他也会沦为奴隶。水往低处流的道理你应该明白。相反，如果一个人的骨子里向往自由，那么，就算遇到多少艰难困苦，他也会不屈不挠地抗争，成为一个受人尊重的人。"

接下来的一年时间里，我还是没能摆脱奴隶的处境，虽然每天和其他奴隶待在一起，但是我与他们格格不入，我打心眼里不想成为和他们一样的人。

有一次，茜拉问我说："每天傍晚，奴隶们都被允许随意嬉闹玩乐，你怎么总是一个人待在帐篷里呢？"

我说："你对我说的那番话让我久久不能忘怀，我在想，自己是不是骨子里的奴隶。我觉得自己和他们根本不是一路的，所以宁愿一个人待着。"

茜拉向我敞开心扉，说道："我和你一样，也不喜欢和其他女人待在一起。知道吗，我丈夫其实并不是真心爱我，他之所以会娶我，完全是因为我那些丰厚的嫁妆。试问哪个妻子不希望丈夫真心爱着自己呢？丈夫不爱我，而我也不能生下一儿半女，因此，我才总是一个人坐着，远离那些做妾的女人。在我们的部落里，女人和奴隶的地位差不多，我总是在想，如果我是个男人，我宁愿死都不会当奴隶。"

我忽然开口问道："请问，在你心里，我是一个天生的奴隶，还是一个堂堂正正的自由人？"

她没有回答这个问题，只是问我说："在巴比伦欠的那些钱，你打算偿还吗？"

"当然！可是我现在毫无办法。"

"如果你总是这样一天天混下去，什么时候能把那些债还清呢？知道吗？一个欠债不还的人，永远都不会受人尊重，这种心态和奴隶没什么不同。"

"可是，你也知道，我现在远在叙利亚，而且还成了奴隶，我又能怎么办呢？"

"真是没骨气！像你现在这样，除了继续留在叙利亚当奴隶之外，根本没有别的出路！”

我连忙说："不！不是这样的！我不是没有骨气。"

"既然如此，希望你用行动来证明自己。"

"如何证明啊？"

"想当初，为了与敌人对抗，了不起的巴比伦王曾经历尽千辛万苦。如今，你最大的敌人就是那笔欠债。正是因为躲避债务，你才会远走他乡。如果你在债务面前服输，它们就会越来越强大，把你压得喘不过气来。可是，如果你把它们当成对手，与它们勇敢地抗争，那么，终有一日，你会打败它们，到那时，你将成为一个受人尊重的人。你看你现在，整天意志消沉，就连被债务逼到叙利亚，成为了奴隶，却还不肯与它们殊死抗争。"

这些话像刀子一样扎进我的心里，我有一肚子话想向她倾诉，可惜当时我没有机会说出来。

两三天后，茜拉派人把我叫到面前，对我说："我母亲病得很严重，你快去牵两头骆驼，要体质好的，另外再多准备些水和路上用的东西。一会儿，我的侍女会把食物拿给你。"

我套好骆驼后，侍女把一大堆食物塞给我。我心里很纳闷：去女主人的娘家不过一天的路，她怎么准备这么多的食物呢？

　　当天晚上，我赶着骆驼，把女主人送到了娘家。茜拉屏退了旁人，然后悄悄对我说："达巴西尔，告诉我，你想永远做奴隶，还是做一个堂堂正正的自由人？"

　　"我发誓，我一定要重新做一个自由人！"

　　"那好，我给你一个机会。你的主人和手下的长工都喝醉了，你把那两头骆驼带上，逃走吧！这有一身衣服，是你主人的，你在路上把这身衣服换上。到时候，我就对你主人说，是你自己偷偷逃走的。"

　　我说："茜拉，你的灵魂像皇后一样高贵，请跟我一起走吧！我会让你过上幸福的生活。"

　　"不，我已经嫁人了，况且到一个完全陌生的国家，我根本无法适应。私奔的女人是不会有好日子的。你自己走吧。长路漫漫，沙漠里没水，又没有吃的，你要多加保重！"

　　我心里很不是滋味，不过我知道她不会改变主意。于是，我只好向她道谢，然后趁着夜色逃跑了。

我骑在一头骆驼上，手里牵着另一头骆驼。在陌生的国度里漫无目的地走着。我不知道怎样才能回到巴比伦，为了躲避主人的追捕，我只能一个劲儿地往前走。要知道，一旦被主人抓回去，我只有死路一条。

　　我在沙漠里走了两天，那天夜里，我来到一片无人居住的土地。这里像沙漠一样荒凉，到处都是尖利的岩石，那两头可怜的骆驼走了很久，脚底的皮都磨破了。尽管如此，它们还是缓缓前行，路上，我没有遇到一个人，就连一头野兽都没有遇到。可想而知，那是怎样一个地方啊！

　　不知道那个地方现在是什么景象，去过那里的人很少有活着回来的。

　　我在那个地方艰难前行，天气酷热难当，慢慢地，食物和饮水都用完了。

　　第九个晚上，我从骆驼背上滑了下来，我浑身无力，根本没办法再爬上骆驼。我绝望地想：这恐怕就是我生命的终点了。

　　第二天早上，我清醒过来，两头骆驼疲惫不堪，怎么也不愿意继续赶路。我看了看周围，在岩石和沙土之间，只生长着一些多刺植物，看不见水源，也没有任何可以吃的东西。此时此刻，虽然我口干舌燥，头晕眼花，浑身疼痛无比，但我的头脑却前所未有地冷静。

望着荒凉的远处，我在心里问自己："在你的内心深处，是想永远做一个奴隶，还是想成为一个自由人？"

直到这时，我才清楚地意识到，如果一个天生是奴隶的人，在这种情况下，肯定会舍弃求生的欲望，躺在原地等待死亡的。作为一个逃跑的奴隶，这种下场是罪有应得。

我不想这样！可是，如果我想成为一个自由人，应当怎么办呢？自然是克服一切困难，想办法回到巴比伦去！我要把以前的债务还清，不能辜负他们曾经的信任。然后，我要让妻子和家人过上幸福快乐的生活。

我想起了茜拉对我说的话："如今，你最大的敌人就是那笔欠债。正是因为躲避债务，你才会远走他乡。如果你在债务面前服输，它们就会越来越强大，把你压得喘不过气来。"

对！当初，因为遇上困难，我竟然眼睁睁地看着妻子回了娘家，我这么做，算什么男子汉？

　　以前，我一直通过变色的石头看这个世界，可是从那一刻开始，世界在我的眼中变成了另外一番景象。我终于拨开迷雾，看透了人生的真谛。

　　我绝不能死在这个地方，我要重新站起来！

　　我的第一步就是：无论有多么艰难，我也要回到巴比伦去。我要告诉那些曾经借钱给我的人，历经了千难万险，我终于回到了故乡。我会请他们宽限一段日子，我会尽快把欠的钱还清。接下来，我要把妻子找回来，并且给她一个安稳的住所。然后，我要勤勤恳恳地赚钱，让家人为我感到自豪。目前，我最大的敌人就是那些欠债。对于那些曾经信任我的亲朋好友，我心里的愧疚更多。

　　想到这里，我摇晃着身子从地上站起来。饥饿和口渴对我来说都不重要，不管怎么样，我一定要回到巴比伦去！我要成为一个自由人！我要回去打败敌人，用心回报我的亲朋好友！

　　在这样一种心态的激励下，我坚定地呼唤着那两头骆驼。一开始，它们没有回应我，后来，它们也许受到我的鼓舞，眼睛里重新焕发出神采，并且挣扎着站起身来。

我带着骆驼一路向北前行，心底里有一个坚定的声音不断地告诉我：我们一定能回到巴比伦城。

后来，我们来到一片肥沃的土地上，在那里，我找到了饮水，还发现了野果和青草。我在无意间发现了一条小路，正是通过这条小路，我们回到了巴比伦城。

因为我坚定地相信自己会成为自由人，所以不管面临什么困境，我都想方设法去解决困难，而不是像奴隶那样自暴自弃，只是抱怨说，一个奴隶能有什么办法呢？

塔卡德，听完这个故事，你有没有领悟到什么？

现在，你饥肠辘辘，头脑是不是格外冷静呢？

你有没有打算重新振作起来，寻回失去的尊严呢？

你有没有看清这个世界的真谛呢？

你希不希望把欠债还清，重新成为一个受人尊重的人呢？

塔卡德泪眼婆娑。他站起身来，铿锵有力地回答："谢谢你让我重新看待这个世界！我终于明白了，我要成为一个自由人！"

这时，有一个人好奇地问达巴西尔说："后来呢？你是怎样还清欠债的？"

达巴西尔说："天下无难事，只怕有心人。我按照当初的计划一步步实施起来。第一步，我告诉每一位债主，请他们宽限我一段时间，并且向他们保证，我一定会尽快把钱还给他们。其中，有一些债主对我破口大骂，也有一些债主仍然无私地帮助我。我最感激的人就是钱庄的老板麦松，他也是我的债主之一。他知道我曾在叙利亚使唤过骆驼，就建议我去找骆驼商人内贝图。当时，咱们的国王命内贝图四处选购体格强壮的骆驼。我找到了内贝图，并且在他手下谋到了一份差事。由于对骆驼的熟悉，我在他手下干得很不错。后来，我就一点点还清了欠债。直到今天，我终于能够抬头挺胸地站在别人面前了。"

到这里，达巴西尔的故事告一段落。他大声吆喝店主人说："考斯柯！你这个慢吞吞的家伙，快过来！把桌上的东西拿去热一热，再给我上一些新鲜的羊肉来。对了，给塔卡德上一盘羊肉来，要特大盘的，我知道他肯定饿坏了。他的父亲是我的好朋友，我怎么能让他饿着呢？"

在古时候，拥有伟大智慧的先人们就已经总结出了一条真理，这条真理一直被人们牢记于心——有志者事竟成。

当一个人发现这条真理的时候，他也就找回了真正的自己。千百年来，这条真理不知帮助了多少人摆脱困境，步入新的人生。

第九章　达巴西尔的泥版：还债的历程

凭自己的手艺赚钱，在保障生活的前
提下，每月拿出一部分收入来还债。有朝一
日，所有的欠款一定会还清。

圣施维辛学院 诺丁汉大学

特伦特河畔纽瓦克 诺丁汉市

1934年10月21日

富兰克林·凯德维教授

英国科学科考二队研究中心

席拉城 美索不达米亚

尊敬的教授先生：

　　近日，您在对巴比伦废墟进行发掘时出土的五块泥版，还有您的来信，我已经都收到了。您知道，我对这类文物非常感兴趣，为了将泥版上篆刻的文字翻译过来，我花了不少时间，不过我很愿意做这件事。为了把所有的文字尽快翻译完成，我没有顾上给您回信，望见谅！在这封信的后面，我附上了五块泥版的全部翻译内容。

当我收到这些泥版的时候，它们保存得非常完好，这都得益于您的精心包装和保管。在研究室的时候，我和我的同事们对泥版上记述的故事大吃一惊，我想，当您看完以后，也会和我们一样。

一开始，我们都以为上面记述的故事会像"天方夜谭"一样，充满了梦幻与神奇。可是当我们全部破解之后才发现，这是一个巴比伦人清还欠款的故事，这个人名叫达巴西尔。

从这些泥版中，我们发现，五千年前的社会状况和现在几乎差不多。我的学生们都说，这些古老的文字在和我开玩笑，对于这一点，我也觉得很费解。

您知道，我是一名大学教授，人们普遍认为我掌握了很多实用知识，是一个思想家。可是，从巴比伦废墟中出土的这些泥版的主人，也就是达巴西尔，却教给我一种全新的方法，这种方法是关于如何在清还欠款的同时，还让自己的财富越积越多的。

这真是一些让人耳目一新的好方法！让我觉得好奇的是，上面记载的这些方法在五千年前适用，那么，它们在当今社会是否也行得通呢？

我和夫人最近也想改善经济上的状况，因此，我们准备尝试上面记载的这些方法。

希望您在以后的考古工作中一切顺利！

另外，如果您有什么需要，请尽管吩咐，我非常乐意为您效劳。

尊敬您的：舒伯里

第一块泥版上的内容

月圆之夜。

我叫达巴西尔。近期，我刚从叙利亚逃回巴比伦，我终于摆脱了奴隶的身份。从现在开始，我郑重起誓，一定要成为一个受人尊敬的有钱人！因此，我决定把我还债的过程全都记录下来，以便时刻激励自己完成这个梦想。

我有一位好朋友，他的名字叫麦松，是一个钱庄的老板。他给了我许多警示和建议，我认为他的话非常有道理，因此决定听从他的建议，严格按照以下规划来安排我未来的生活。

麦松告诉我说，如果按照这个规划，终有一天，我会还清所有的债务，并且过上富足而有尊严的生活。

这项规划一共有两个目标，都是我渴望实现的。

　　首先，我要保证未来衣食无忧，所以我必须有一定的存款。我计划把全部收入的一成存起来。麦松对我说了一些富有智慧的话：

　　"如果有富余的钱，应当把它们积攒起来，这样的话，家人都会因此而受益。事实上，这也是忠于国王的表现。"

　　"如果一个人只有少量存款，这就说明他对家人缺乏关爱之心，对于国王来说，他也不会是一个尽心尽力的臣民。"

　　"如果一个人一点存款都没有，这就说明他对家人很残忍，对于国王来说，他也不会是一个忠心的臣民。不仅如此，他的日子肯定也好不到哪儿去。"

　　"如果一个人希望将来有所成就，那么他必须懂得存钱。这样一来，家人和国王才会感受到他的关爱和忠诚。"

　　其次，我要保证妻子衣食无忧。之前，因为我负债累累，入不敷出，在迫不得已之下，我的妻子回到娘家生活。现在，我已经把她找回来了，她是个非常坚贞的女人，因此，我一定要善待她。

　　麦松是这样说的："作为一个有责任感的男人，理所应当要照顾好坚贞的妻子。这样做也可以让自己变得更加坚强和勇敢。"

这句话很有道理。所以，我决定把全部收入的七成用来养家糊口。这些钱应该可以让我们过上温饱的生活，而且还有一些富余的钱用来购买其他所需的东西。这样一来，我们在保障生活的同时，还能享受到生活的乐趣。麦松还告诫我说，为了很好地完成这个计划，我购买的用品绝对不能超过七成这个限度。

第二块泥版上的内容

最后，我要把剩下的两成收入用来还债。每当月圆之夜，我必须把这部分收入拿出来，还给当初信任我的债主们。

现在，我要把每一位债主和相应的欠款数目记下来，以便将来如数清还。

房东——阿卡哈，十四枚银币

钱庄老板——麦松，九枚银币

珠宝商人——哈林希尔，六枚银币加两个铜钱

朋友——扎柯尔，四枚银币加七个铜钱

父亲的朋友——迪安伯凯，四枚银币加一个铜钱

朋友——阿玛尔，三枚银币加一个铜钱

纺织商人——法鲁，两枚银币加六个铜钱

农民——比瑞基克，一枚银币加七个铜钱

朋友——阿兹科米尔，一枚银币加三个铜钱

沙发工匠——辛贾，一枚银币

（从这里开始，下面的字迹模糊不清，无法辨认。）

第三块泥版上的内容

以上就是我所有的债主和全部的欠债。一共是一百九十枚银币，外加一百四十个铜钱。

过去，我因为债台高筑，入不敷出，曾眼睁睁地看着妻子回了娘家。而我自己也远走他乡。不曾想，我遭逢厄运，最后竟然沦为奴隶。

现在好了，有了麦松的帮助，我终于知道该怎样安排未来的生活。以前，因为贪慕虚荣，我欠下了累累外债，那时候我被这些外债压得喘不过气来，现在想想，我当时的做法真是不应该。

有了这份计划之后，我一一拜访过去的债主，告诉他们说，我只能凭自己的手艺赚钱，在保障生活的前提下，我会每月拿出两成收入来还债，希望他们能够谅解，因为我拿不出更多的钱。我还向他们保证，有朝一日，我一定会把所有的欠款悉数还清。

大部分债主都同意我提出的建议，只有三个人除外。

第一个人是我最好的朋友阿玛尔。听我说完之后，他破口大骂，我羞愤难当，转身离去。

第二个人是农民比瑞基克。他需要一笔钱急用，因此催促我尽快还钱。

第三个人是房东阿卡哈。他很不好说话，逼我马上还钱，如果我做不到，他声称要给我点颜色看看。

尽管这三个人让我很难堪，但是其他债主的宽容使我的信心无比坚定，我相信，与躲避债务相比，偿还债务要更容易一些。

第四块泥版上的内容

又到了月圆之夜。这段时间，我勤勤恳恳地工作着，而且我的心情也很愉快。对于我的还债计划，妻子非常赞同。我们夫妻齐心协力，这个月，我赚到了十九枚银币，这是我为内贝图购买到一批上好的骆驼后他付给我的酬劳。

按照原来的计划，我把其中的一成存起来，七成交给了妻子支配，另外两成，我把它们兑换成铜钱，分别还给了各个债主们。

我把一部分铜钱送去阿玛尔家，他不在，我就交给了他的妻子。当我把铜钱交给比瑞基克的时候，他开心得不得了。我还钱给阿卡哈的时候，他有些抱怨，希望我能加快还债的进度。我是这样回复他的：只有我的生活得到保障，才能更快把钱还给他。剩下的那些债主都向我致谢，而且对我的辛勤劳动赞赏不已。

这个月，我还了将近四枚银币的外债，有一些债主我已经找不到人了，因此，我把应该还给他们的钱存了下来。

很长时间以来，我的心情都非常烦闷，此时此刻，我终于松了一口气。

第二个月圆之夜。这个月，尽管我很努力地工作，到处收购骆驼，可收入却不怎么样，只赚到了十一枚银币。

这样一来，我和妻子就只能节衣缩食地生活，不过，我们的信念很坚定。我依然按照计划，把其中一成银币存了起来，并把七成银币交给妻子。

这一次，让我感到意外的是，当我去还阿玛尔钱的时候，他竟然称赞了我。比瑞基克也是如此。而阿卡哈却非常恼怒，我是这样回复他的："如果你觉得太少，那我就拿走了。"

后来，他终于不再说什么了。至于其他债主，他们都像上次一样，没有任何不满。

第三个月圆之夜。这个月，我非常走运，遇到了一批上好的骆驼，所以我得到了四十二枚银币的酬劳。我和妻子不仅吃上了美食，还添置了几件衣裳。

我偿还的外债超过了八枚银币。这一次，不止其他债主对我很满意，就连阿卡哈的态度都转变了。

我的债务减轻多了，更加令人高兴的是，我和妻子有了一定的存款。麦松的这个计划太妙了！

这三个月来，每当月圆之夜，我就会把一成收入存起来，把七成收入交给妻子，虽然我们有时候不得不节衣缩食，但是我们从不花超过七成的钱，而且每一个月，我都把两成的收入兑换成铜钱，还给每一位债主。我把这些情况都一一刻在了泥版上。

如今，我终于可以昂首挺胸地站在人前了，因为我已经有了二十一枚银币的存款。

在妻子妥善的打理下，我和她都重新穿上了体面的衣服，并且开心地生活着。

我真的没有想到自己竟然会从一个奴隶变成现在这样，这项还债计划的确妙不可言。

第五块泥版上的内容

又是一个月圆之夜。从我把还债的经过记在泥版上，已经过去整整一年了。

今天是一个非常值得纪念的日子，我终于把所有的外债还清了。为此，我和妻子准备了丰盛的宴席，并把亲朋好友召集来了。

在最后一次还债过程中，发生了许多事，这些事令我永远难以忘怀。

首先是阿玛尔。对于他以往的辱骂，他感到非常懊悔，希望我能原谅他，而且他还说，他现在非常愿意和我来往。

其次是阿卡哈，他的态度再也不像以前那么差了。他还说："以前，你像一块烂泥似的任人践踏。现在不同了，我觉得你像坚硬的铜块。以后如果你需要用钱，可以随时来找我，我很愿意帮助你。"

不只是他们，其他很多债主对我的态度也变得恭敬起来。还有我的妻子，现在，她总是用一种崇拜的眼光看我，我觉得自己重新找回了尊严。

有了这个计划，我的成功指日可待。我不仅还清了所有欠款，还攒下了不少积蓄。我从奴隶变成了受人尊重的人，因此，我希望更多深陷困境的人从这个计划中受益。目前，我还没有彻底完成这个计划，我坚信，用不了多久，我就能成为一个有钱人了。

圣施维辛学院 诺丁汉大学

特伦特河畔纽瓦克 诺丁汉市

1934年11月15日

富兰克林·凯德维教授

英国科学科考二队研究中心

席拉城 美索不达米亚

尊敬的教授先生：

我希望你能帮我一个忙。如果您进一步发掘巴比伦废墟的时候，能发现达巴西尔这位古巴比伦骆驼商人的灵魂，请您代我告诉他，英格兰一所大学里的师生对他表示万分感谢，他刻在泥版上的故事，使我们许多人都从中受益。

您还记得吗？上次我给您写信时说过，我和妻子准备按照达巴西尔刻在泥版上的计划，扭转我们当时的困境。

其实，我们夫妻的日子过得并不好，但我们一直竭力隐瞒，不想让别人知道。不过，我猜教授先生一定已经有所察觉了。

我们以前欠下了不少外债，很多年以来，在这些外债的压力下，我们受尽了屈辱。不仅如此，我们还非常害怕各个店主把我们欠债的丑事宣扬出去，那样的话，我很有可能会被学校解雇。

为了偿还欠款，我们尽力省下每一分钱，可尽管如此，我们还是一直未能还清所有外债。不止这样，因为一些店铺允许赊账，所以尽管他们的价格要高于其他店铺，我们也只能硬着头皮光顾这些店铺。就这样，我们的处境越来越糟。不管我们怎样努力，还是看不到出头之日。

我们拖欠房东很多钱，因此，即使有价格便宜的房子，我们也不好意思搬出去住。当时，我们真觉得无路可走了。

就在这个时候，因为您的缘故，我从泥版上了解到了达巴西尔的计划。他的记述给我和妻子带来了希望，我们决定按照达巴西尔的计划行事。

首先，我把欠款的清单列了出来，并且把这份清单让每一位债主过目，希望他们能了解我的处境。

其次，我把还债计划告诉了他们：我将从每个月的工资中拿出两成，平均还给每一位债主。预计两年多之后，我就能把欠他们的钱全部还清。这样的还款方式可以让我用现金来购买商品，再也不必赊欠。债主们都很体谅我们，其中有一位债主是个非常精明的商人，他给我提出了一条非常有用的建议："过去三年，你买东西一直靠赊账，我觉得和赊账相比，还是用现金购买并且适当清还部分欠账的方法更好。"

最后，每一位债主都同意了我的计划。这样一来，我按照约定，每月还他们一部分钱，他们答应，只要我坚持这样做，他们就不会再追债。

对我们来说，这种改变非常新奇。如果严格按照计划来做，我们就可以用七成的收入过上相对安稳的生活。接下来，我们舍弃了几样原来喜欢消费的东西，比如茶叶什么的。没过多久，我们就发现，其实有很多物美价廉的东西，这个发现真是太好了。

事实上，完成这个计划并没有想象中那么艰难，尽管这是一个漫长的过程，但我们一直坚持着。每走完一步，我们都有深深的满足感。我们终于看见了希望的曙光，还有什么事比这更值得高兴呢？

您一定为我感到高兴，对吧？但是我要告诉你，最值得高兴的事还在后面，那就是我每月存下来的一成收入。我现在才知道，原来攒钱比花钱更让人开心。我用这部分钱作了一笔收益稳定的投资，这样一来，我们的心里更踏实了。这笔投资的收入足够使我们在这个学期结束之时，过上自由自在的生活。与过去那种光靠收入糊口的日子相比，现在的变化简直是天翻地覆的。

真的难以置信，我们的欠款已经快要还清了，与此同时，那笔投资的收益也在稳步增长。在理财方面，我们学到了更多技巧。善不善于理财，其中的差异真的是太大了。

预计到明年年底，我们就能还清所有的欠款。到那时，我们计划用更多的钱来进行投资。有了富余的钱，我们还可以出去旅行。不过，不管怎样，我们绝对不会让日常消费超过收入的七成。

这就是我委托您向达巴西尔致谢的原因。正是因为他的计划，我和妻子从水深火热中解脱了出来，并且逐渐过上了富足的生活。

五千年前，达巴西尔从痛苦的经历中总结出了经验和教训，并且不辞辛苦地将这个故事刻在了泥版上。他这样做的目的就是希望帮助更多处境相似的人。对于五千年后的人们来说，其中的价值依然毫不逊色。

考古学系教授舒伯里敬上

第十章　世界上运气最好的人

　　辛勤的劳动和乐观进取的态度是我最宝贵的财富，是它们将我从痛苦的泥潭中拯救出来。

大马士革到巴比伦的道路上，正行走着一支商队。骑在马背上，走在商队最前面的，是巴比伦鼎鼎大名的商人——撒鲁奈达。这个人生平最喜爱的东西，一是华贵的衣裳，二是品种纯正的良马。

　　看他如今神气活现的样子，谁能想到，他曾经过着无比艰辛的日子呢？

　　返回巴比伦途中需要从沙漠穿过，一路上，时常有阿拉伯部落的劫匪出没，这些人十分凶悍，专门打劫往来的商队。

　　临行前，撒鲁奈达特意雇佣了一批骁勇善战的保镖，有了这批保镖，他心里踏实得很。不过商队里有一个年轻人却令他非常担忧。这个年轻的小伙子名叫哈丹·古勒，他爷爷名叫阿拉德·古勒。撒鲁奈达曾经与阿拉德·古勒一起做生意，两个人相处得非常融洽。不仅如此，阿拉德还对撒鲁奈达有恩，对于这一点，他永远都不会忘记。正因如此，当他得知哈丹的父亲已经一无所有的时候，才毅然决定把哈丹带在身边，希望他将来能重振家业，这样做，也算是对阿拉德的一点回报吧。可他没想到，这个小伙子与他爷爷的性格差异太大了，该如何帮助他呢？撒鲁奈达感觉无从下手。

哈丹戴着戒指和耳环，撒鲁奈达斜着眼看了看他，心想："唉！这孩子和他爷爷长得倒挺像，可性格差得太多了。那些首饰难道是男人应该戴的吗？他爷爷可从来都不这样。他父亲已经一无所有了，我真希望他能振兴家业，所以才带他出来闯荡一下，见见世面。"

他正出神地想着，哈丹忽然开口问道："你总是这么辛苦地赚钱吗？为什么不抽时间好好享受生活呢？带着商队长途跋涉，这是何苦呢？"

撒鲁奈达微笑着说道："告诉我，如果你是我的话，你要怎样享受生活呢？"

"如果我像你那么有钱，我说什么也不会辛辛苦苦地穿越沙漠，何况还是在这么热的天里。我想穿这世上最华美的衣裳，戴最名贵的珠宝，就像王子那样。我不会让身上剩下一分钱。"

哈丹说完笑了笑，撒鲁奈达也笑了。

接着，撒鲁奈达说："我记得你爷爷在世的时候，从来不喜欢戴首饰。小伙子，你难道没想过劳动吗？"

还没等他说完，哈丹就回答说："劳动？那不是奴隶的事儿吗？我可不干！"

撒鲁奈达不再说话，默默地骑在马背上。走到一处下坡路时，他转身面向一片绿幽幽的山谷，对哈丹说："看到那片山谷了吗？如果你仔细看，就能看到巴比伦的城墙了。那座高塔就是贝尔神殿了，那上面冒着的烟，就是永不熄灭的火焰。"

"那就是全世界最富裕的巴比伦吗？哇！好想去看看！那里就是我爷爷发家致富的地方，对吗？可惜他已经去世了，如果不是这样，我和父亲也不至于如此。"

"别这样想嘛！既然你爷爷能做到，你和你父亲为什么做不到呢？"

"我爷爷生财有道，我和父亲可没这个本事。"

撒鲁奈达不再说话，只是满腹心事的样子，继续赶路。不久，他们来到巴比伦的大道上。接着，他们向南走去。经过一片农田的时候，撒鲁奈达的目光盯在几个农民身上。

四十年过去了，这群农民是不是当初那些人呢？一定是的。

撒鲁奈达重返故地，心中感慨万千。

也许是因为累了，一个农民扶着犁，停下来休息。另两个农民狠狠地抽打着耕牛，可耕牛还是慢吞吞地走着。

四十年前，撒鲁奈达一度渴望自己成为他们那样的农民。

可时至今日，他的身上发生了翻天覆地的变化。他回过头去，望着身后浩浩荡荡的商队。每一头骆驼都是他精心挑选的，它们身上背着的是大马士革运来的货物，全都是稀有而贵重的货物。不过，与他全部的财产比起来，这只是九牛一毛而已。这一切让他感到深深的满足。

撒鲁奈达指着那几个农民，对哈丹说道："看见那几个人了吗？四十年了，他们还在那里耕田。"

"是吗？四十年前的农民，如今还在同一块地上耕田？这怎么可能？"

撒鲁奈达知道哈丹并未领会自己的意思，他继续说道："四十年前，就在这个地方，我曾经见过他们。"

四十年来的所有经历，如今全都涌上心头。撒鲁奈达心想：唉！过去的事情永远都无法磨灭。

这时，他仿佛看见阿拉德正在微笑地看着他。刹那间，身边这个无所事事的小伙子好像一下子变得亲近起来，他再也不觉得两个人之间无法沟通了。

撒鲁奈达和阿拉德都不喜欢不劳而获。要知道，只有那些主动寻找机会的人，才能受到幸运之神的眷顾。尽管哈丹整天都想着怎样打扮和挥霍，不懂得要去劳动，但看在阿拉德的份上，撒鲁奈达真心实意地想帮助哈丹。

撒鲁奈达忽然想到了一个主意，不过以他今时今日的身份和地位，这样做到底妥不妥当呢？他犹豫了很久，终于决心试一试。

他问哈丹说："哈丹，我和你爷爷当初一起做买卖，后来我们都发了财。你想听听这个故事吗？"

"我只关心你们是怎样赚到钱的，至于其他的，我不太感兴趣。"

撒鲁奈达说："当初，我像你这个年纪的时候，曾经和一群农民一起在地里干活。我们都被铁链锁着，有一个叫梅吉多的人和我站在一排。对于其他农民干活的方式，他非常看不起，并且讽刺道：'一群懒鬼！他们根本没好好干活，犁握得不够紧，耕牛也没看管好，看见没有？耕地犁得一点也不够深。这样干活，能有好收成才怪！'"

哈丹吃惊地问道："你说什么？被铁链锁着？"

"没错，我们每四个人一排，每个人的脖子上都套着钢铁制成的套子。一个人和另一个人之间用长长的铁链相连。我旁边的是梅吉多，梅吉多旁边是萨巴多，他是个偷羊贼，我的家乡在哈隆，在家乡的时候，我们就认识了。萨巴多旁边的那个人，我们谁也不知道他叫什么。他的胸口有一个蛇形纹身，当时，许多水手都喜欢纹这个图案，因此我们都认为他是个水手，还给他起了个绰号，叫'海盗'。"

哈丹吃惊地问道："你们这样，那岂不是和奴隶一样？"

"没错，我以前就是一个奴隶，难道你爷爷没跟你说过吗？"

"没有，他总是跟我们提起你，可我们从不知道你以前是一个奴隶。"

撒鲁奈达盯着哈丹，说道："哦，你爷爷真是守口如瓶，这样的人值得信任。小伙子，你也是这样的人吧？"

"当然！我向你保证，我绝不会把这件事说出去。可到底因为什么事，才使你变成了奴隶？能说说吗？"

撒鲁奈达耸了耸肩膀，说道："每个人都有可能成为奴隶，只不过原因不同罢了。害我成为奴隶的是酗酒和赌博。我有一个哥哥，他为人鲁莽，我就是被他连累的。有一次，他和朋友吵了起来，结果失手杀死了对方。为了凑钱帮哥哥打官司，父亲只好将我抵押给一个寡妇。后来，父亲无论如何也筹不到钱赎我回去，那个寡妇很生气，就把我卖给了奴隶贩子。"

"这真是太不公平了！那后来呢？你是怎样变成自由人的？"

撒鲁奈达说："别着急，听我慢慢和你说。"

当我们从那群懒惰的农民身边经过的时候，他们都发出嗤笑声。有一个农民摘下头上那顶破破烂烂的帽子，装模作样地朝我们施了一个礼，高声说："各位巴比伦国王的贵宾们，你们好啊！城墙那边的砖石和洋葱汤都在等着你们呢！"

他说完，那群农民放声大笑。

海盗听了非常恼怒，恶狠狠地咒骂他们。

我问海盗说："他们说的城墙，是怎么回事？"

海盗回复道："就是说，我们要去城墙脚下挑砖石，不知要干到何年何月。如果不卖力气，国王的手下就会狠狠地打我们。不过，我可不愿意受窝囊气，谁要是敢打我，我就跟他拼命。"

梅吉多说："难道主人不喜欢老实干活的奴隶吗？要我说，主人不但不会打死他们，还会格外优待呢！"

萨巴多说："哼，那些懒鬼才不会老实干活呢！他们只不过是表面上装出老实的样子罢了，其实还不是混一天算一天。"

梅吉多不认同他的说法："你干了多少活，主人心里会没有数吗？打个比方，你今天耕了一亩地，主人会认为你确实努力了。如果你只耕了半亩，那主人肯定知道你偷懒了。我喜欢好好劳动，不喜欢偷懒耍滑。对我来说，劳动是我最好的朋友。我以前的田地、耕牛和所有的东西，都是劳动给我的。"

萨巴多不以为然地反驳他说："得了吧！你现在还不是一无所有了？要我说啊，干活何必那么尽力呢，只要有钱赚，随便应付应付就行了。看着吧，如果咱们都被卖去城墙边干活，我肯定找轻松的活干，你这傻瓜就去挑砖吧，不把你累死才怪呢！"

说完，他哈哈大笑。

当天夜里，我被恐惧折磨得整晚没睡着觉。跟我拴在一起的几个人都睡着了。我把身子凑到一名守卫旁边。这个警卫名叫格托索，是一个阿拉伯劫匪。要知道，阿拉伯劫匪个个凶狠残暴，专门抢夺别人的财物。不仅如此，财物抢到手的时候，他们还会将对方的性命也夺走。

我压低声音，悄悄地问他说："格托索，问你件事。我们真的会被卖到城墙边干活吗？"

"问这个干什么？"

我哀求道："唉，你看我还这么年轻，怎么能早早死掉呢？求求你告诉我吧，我有没有别的机会？"

格托索也悄悄地告诉我说："你这个家伙平时挺老实的，也没给我添什么乱子。这样吧，你听好了。

一般说来，你们会最先被带到奴隶市场。记住了，如果遇上买主询问，你就拼命自夸，说自己身体强壮啦，干活勤劳啦，总之，就是争取让买主把你买走。因为没有买主的奴隶都会被送到城墙边干活。其实，去那儿也没什么不好，劳动是一件多么光荣的事啊，对不对？"

说完，格托索转身离开了。我躺在沙地上，抬头仰望星空，苦苦思索着。这时，梅吉多说过的那句话在我脑海中久久萦绕："劳动是我最好的朋友。"我问自己，劳动是我最好的朋友吗？答案是肯定的，只要它能令我摆脱现在的处境。

第二天早上，当梅吉多醒过来的时候，我把知道的消息悄悄地告诉了他。当天下午，我们和一大群奴隶一起被带到巴比伦的城墙边。城墙附近有数不清的奴隶，他们有的在挑砖，有的在挖护城河，还有的在砌墙。监工手里拿着皮鞭，嘴里不停地咒骂着。奴隶们一个个疲惫不堪，步履蹒跚。有的奴隶实在坚持不住，倒在了地上。监工的皮鞭狠狠地抽打在奴隶身上，催促他们赶快站起来，继续干活。有的奴隶久久未能站起来，监工就命人将其丢进墓穴……

想想看，那是怎样恐怖的场景啊！我觉得不寒而栗，心想：但愿有买主把我买下来，否则我将难逃厄运。

事情果然像格托索所说的那样。当天，我们被关进了牢房。

第二天早上，我们被带到了奴隶市场。市场上乱哄哄的，我们被关在一道栅栏里，不断有买主上前询问。看守的人拿着皮鞭，把买主感兴趣的奴隶赶到跟前。在看守的允许下，我和梅吉多拼命向每一位买主夸赞自己。

奴隶贩子把国王手下的一名军官引到我们面前。那名军官一眼就看中了海盗，他命手下的士兵将海盗押走。海盗拼命反抗，可那些士兵用鞭子狠狠抽他。海盗就这样被他们带走了，我心里很不是滋味。

梅吉多和我都感觉快要大难临头了。不过，在没有买主上前询问的时候，梅吉多就鼓励我说："只要有机会，我们就要好好劳动，因为我们的将来全靠它了。我知道有些人不喜欢劳动，甚至厌恶劳动，希望你不要学他们。当你觉得劳动艰辛的时候，就想想我说的这番话，当一座美丽的大房子建成时，当初建造它的那些辛苦，你还会记得吗？所以，撒鲁奈达，无论落在哪个主人手里，一定要为主人尽心尽力。就算他们没有奖赏你，你也不要心存不满。因为你辛苦地劳动，是为自己的将来，懂吗？"

这时，有一个农民打扮的买主走近栅栏。梅吉多不再说话，我们都在等买主的询问。

梅吉多和农民交流了几句，打听了对方的田地和收成，然后立刻介绍起自己。农民对他很满意，经过一番激烈的讨价还价后，梅吉多被这位买主买走了。

快要到中午的时候，很多奴隶相继被人买走，可我还没找到买主。

格托索悄悄地对我说："奴隶贩子没有耐心继续在这儿耗着，最迟到明天晚上，他就打算把剩下的奴隶全送到城墙那边。"

听到这儿，我的心里顿时一沉。

就在这时，走过来一个身材很胖的买主，他看起来很和善，询问我们当中是否有会做面包的人。

我马上对他说："像您这样优秀的面包师，与其找个面包工人，不如找个学徒。您看我，身体强健，还不怕苦，不怕累，请你给我一个机会，让我做您的学徒吧！我发誓，我一定会好好干活，帮您赚更多的钱。"

他被我的话打动了，开始和奴隶贩子讲价。奴隶贩子一看我有希望被买走，便卖力地夸赞我，说我体格好，脾气也好，还有能力什么的。我觉得自己像一头准备卖给屠户的牲口似的。让我感到欣喜的是，我终于被新主人买下来了。当时，我觉得自己是整个巴比伦运气最好的人。

新的环境让我觉得非常满意。我的新主人名叫纳纳奈德，他教我如何研磨大麦，如何生火，还教我如何制作上等的芝麻面粉，这种面粉是用来做蜂蜜蛋糕的。

主人还给了我一张床铺，在储存粮食的仓库里。在工作之余，我经常帮上了年纪的女仆施娃丝媞干粗重的活儿，因此，她时常做一些好吃的食物犒劳我。

这种机会是我盼望已久的，在这个全新的环境中，我可以为主人尽心尽力，还有希望成为一个自由人。我想学做面包的手艺，经常向纳纳奈德求教怎样和面，怎样烤面包。他对我认真的态度非常满意，因此毫无保留地教我。没过多久，我就掌握了这门手艺。后来，我又请教他如何做蜂蜜蛋糕，他把方法教给我，我很快就学会了。从那以后，他把很多工作都交给我做。他很高兴，因为这样一来，他清闲了不少。可是，施娃丝媞暗暗担心，她认为，不劳动可不是什么好事。

慢慢地，我开始思索如何让自己成为自由人。为了赎回自由，我必须多赚钱。这时，我想到了一个办法。一般到中午的时候我就把面包和糕点都做好了，下午就可以休息了。我打算利用这段时间额外找一份工作，这样就可以多赚一点钱。于是我就想，不如多做出一些蜂蜜蛋糕，拿到街上去卖。

我把这个想法告诉纳纳奈德，并跟他说："下午卖蜂蜜蛋糕的收入，我会与你一同分享，这样一来，不仅我能获得一份额外的收入，你也可以。你觉得怎么样？"

听了这些话，纳纳奈德非常赞同，他说："很好！这样吧，两块蛋糕卖一分钱，每收入一分钱，你就给我半分钱，这是面粉、蜂蜜和柴火的成本，另外半分钱，我们两个人平分。"

纳纳奈德的意思是，我可以获得销售额的四分之一。我非常感激他的慷慨。

当天晚上，我一直工作到深夜。第二天上午，我额外做了一些蜂蜜蛋糕，并且放在盘子里，准备下午拿出去沿街售卖。纳纳奈德见我穿得太破旧，怕人笑话，就把他的一件旧衣裳给我穿上。施娃丝媞说，她会为我缝补和清洗衣裳。

下午时，我带着一盘诱人的蛋糕上街去了。一开始，询问的人很少，我有些灰心，但没有放弃，继续叫卖。到了晚饭时间，人们纷纷来买蛋糕，没过多久，一整盘蛋糕全都卖出去了。我把所有卖得的钱交给了纳纳奈德，他开心极了，痛快地把我应得的那份分给了我。我终于开始拥有属于自己的钱了，这让我心里充满了希望。

梅吉多说：所有的主人都喜欢勤快的奴隶。他说得一点都没错。

当天晚上，我兴奋得几乎夜不成眠。整个晚上，我都在憧憬着，照此下去，一年我可以有多少收入，成为自由人需要多少年。

往后的日子，我每天都上街去卖蛋糕。不久，有些人成了我的熟客。在这些人当中，就有你的爷爷阿拉德·古勒。那时，他经营地毯生意，总是带着一个黑奴，还有一头运货的毛驴。他经常来买我的蛋糕，每次都买四块，他自己吃两块，另外两块给那个黑奴。在吃蛋糕的时候，他喜欢和我谈心。

有一次，他对我说了一句让我终生难忘的话："年轻人，你做的蛋糕真不错。不过，我更欣赏你这种经营方式。好好干吧，上进的人前途一片光明。"

哈丹，你知道吗？对于一个境遇凄惨，想通过努力奋斗找到出路的奴隶来说，这番鼓励的话真的太重要了！

正如梅吉多所言，劳动是我最好的朋友。几个月后，我的积蓄越来越多。我的心情非常好，可是，主人空闲的时间多了，就经常去赌博，因此施娃丝媞感到忧心忡忡。

有一次，我在街上碰巧遇到了梅吉多，他正赶着毛驴，准备把新鲜的蔬菜运到市场去卖。我高兴极了。

梅吉多对我说："我现在过得不错，因为我勤奋工作，主人对我很满意，让我做了工头，还把这样重要的工作交给我。你知道吗？主人还把我的家人接过来，我们一家人终于团圆了。通过辛勤劳动，我一定会摆脱以前的困境。我坚信，我不但会重获自由，还会拿回失去的田地。"

日复一日，纳纳奈德对我越来越依赖，他最盼望的就是我卖完蛋糕回店里，把钱交到他手上。数完了钱，他就把我那份分给我，并且敦促我努力增加客源，卖出更多的蛋糕。为此，我经常跑到城墙边去，因为我发现那里的监工都是很好的主顾。不过，在这种地方会看到很多让我憎恶的事。

有一次，我意外地在城墙边干活的奴隶中发现了萨巴多。他正在那里挑砖石，看上去又饿又累。我于心不忍，给了他一块蛋糕。他的目光中充满了贪婪，一下子把蛋糕塞进了嘴里。看他那副样子，我不想把自己的事告诉他，立即转身离开了。

一天，你爷爷阿拉德问了我一个问题，他的语气和你今天一样，他问我说："为什么你要不辞辛劳地工作呢？"

我把梅吉多说的那句话告诉了他，并且把自己攒的钱拿给他看，我自豪地告诉他说，我要用辛苦积攒的钱赎回自由。

阿拉德继续问道："如果你赎回了自由，下一步准备做什么呢？"

我说："我打算做点小生意。"

想不到，他悄悄地对我说："知道吗？其实我也是一个奴隶，现在正和主人一起做生意呢。"

听到这里，哈丹打断撒鲁奈达，气愤地说："等等！你为什么要侮辱我爷爷？他怎么可能是奴隶呢？"

撒鲁奈达平静地说："阿拉德是非常值得尊重的，他没有在痛苦的遭遇中沉沦，而是努力奋斗，最终成为了一个了不起的大马士革公民。你是他的孙子，应当以他为榜样。这样的过往虽然让人痛心，但这是事实。作为一个堂堂正正的男子汉，你要勇于承认事实，而不是自欺欺人。"

哈丹挺直身体，闷声说道："我爷爷一生行善，不知道有多少人深深地爱戴着他。想当年，叙利亚爆发饥荒，为了赈济大马士革的灾民，他花了许多黄金到埃及购买粮食。如果没有他，不知道有多少人会饿死。如今，你竟然说他在巴比伦时，曾经是个令人不齿的奴隶？"

撒鲁奈达说："虽然在巴比伦时，他曾经是那样的一个奴隶，但他并没有放弃努力，正因如此，神明才会眷顾于他，让他日后在大马士革受众人敬仰。"

撒鲁奈达继续说道：

当他把自己的处境告诉我后，又对我说，他现在已经攒够了赎身的钱，可是，重获自由之后应该做些什么，他心里很迷茫。他怕失去主人的帮助，自己单枪匹马闯荡，会遇到这样那样的困难，所以一直犹豫不决。"

我是这样对他说的："离开你的主人吧！只有那样，你才能做一个完全自由的人。把你想做的事情想明白，然后就为之努力和奋斗，总有一天，你会成功的！"

或许我的话有些刺痛他，但他并没有介意，临别之前，他说自己很高兴能听到这番话。

有一天，我又到城墙边卖蛋糕。那里围着一群人，我很奇怪，便问身边的人发生了什么事。他说："哎呀，你还不知道啊？有一个奴隶想逃跑，被国王的守卫阻拦，他就把守卫杀死了。现在，他被抓了起来，正要执行死刑。一会儿，国王要亲自来观看呢！"

我怕手里的蛋糕盘被人撞翻，没敢凑到人堆里，就爬到一个墙头去看。不久，巴比伦国王尼布甲尼撒来了。他穿着华贵的龙袍和金缕衣，坐在金色的战车上，那种排场别提多气派了！

我实在不敢看执行死刑的场面，只听到那个奴隶发出凄惨的叫声。不可思议的是，英俊潇洒而又身份高贵的国王，在观看死刑执行的同时，还能与身边的贵族们谈笑风生。在那一刻，我终于明白，尼布甲尼撒国王有多么的残忍！也许正因如此，他才会下达惨无人道的命令，让那么多奴隶去建造城墙。

死刑执行完毕后，那个奴隶的尸体被吊在杆子上示众。围观的人慢慢散去，我走过去仔细一看，天呐，他的胸口上有一个蛇形纹身！那个人是海盗！

当我再次和阿拉德相遇时，他已经完全不同了。他见到我后，热情地上前打招呼，说："你好啊！我正好感谢你呢！你的那番话令我受益匪浅，看呐，我再也不是奴隶了，我自由了！现在，我自己做了点生意，收入一天比一天多。我娶了一个自由人做妻子，她是我主人的侄女。我妻子对我现在的状况很满意，她希望我彻底摆脱奴隶的阴影，带她到另一个城市重新生活，这样做对我们的后代也有好处。劳动的确是我最好的朋友，它让我找回了自信，一步一步迈向成功。你说的一点都没错。"

听到我的话对他有这么大的帮助，我觉得非常开心。不过，与他曾经对我的鼓励相比，我的那些话并不算什么。

一天晚上，施娃丝媞垂头丧气地告诉我："唉！我真担心，你的主人遇到麻烦了。早在几个月以前，他因为赌博陆续欠下供货商许多钱，一直到现在都没有还。最近，那些供货商纷纷找上门来，恶狠狠地逼他还债。"

我不知道这件事跟我有什么关系，便随口说道："那是他犯下的过错，咱们又不能整天看着他，担心也没用啊！"

施娃丝媞气呼呼地说："傻瓜，当然跟你有关系了！知道吗？按照法律，奴隶就是主人的财产。为了还债，他正准备拿你去作抵押呢！其实，主人并不坏，可是没想到，他竟然落到这个地步。唉，怎么办呢？"

原来是这样！施娃丝媞说得没错，第二天，主人不在店里，我正在烤面包，有一个债主登门了。债主还带了一个人来，那人名叫萨希。债主从上到下把我打量了一番，然后就让萨希把我带走了。当时，我身上披着一件衣裳，我攒的钱全装在一个钱袋里，挂在腰上。萨希根本不管炉子里的面包还没做好，就把我给带走了。

我的希望轰然坍塌，再一次被卷入痛苦的漩涡。酗酒和赌博再一次连累了我。

萨希带我从巴比伦城中穿过，我试着告诉他说，我曾经勤勤恳恳地为纳纳奈德工作，以后我也会好好给他工作，可他无动于衷，真是个愚蠢的人！

他冷冰冰地说："我和主人一样，你说的话根本打动不了我们。国王把大运河其中一段交给了我的主人，所以主人派我多买些奴隶，早点把活儿干完。哼，工程这么大，谁知道何年何月才能干完！"

知道那是一个什么样的地方吗？荒无人烟的沙漠，周围除了几棵矮小的灌木之外，什么植物都看不到。骄阳似火，水壶里的水往往被晒得滚烫，根本没法喝。我们要走进深深的壕沟里，然后把里面的泥土运到河岸上。我和一排又一排的奴隶一样，每天从早干到晚，一刻也不能休息。知道我们是怎样吃饭的吗？像喂猪一样，我们的食物都被撒在一个长长的槽子里。深夜，我们就幕天席地地睡在稻草上。

我怕身上的积蓄被人抢走，便在附近挖了一个坑，把钱袋放在里面，然后做了一个记号。

一开始，我像以前一样卖力干活儿，可是几个月过去了，我觉得自己真的快要撑不住了。在身体极度虚弱的时候，我不幸染上了热病。那段日子，我被疾病折磨得吃不下，也睡不着。

我时常想，到底该怎么办呢？

像以前萨巴多说的那样，能混一天算一天？这样不行！从我们相处的最后一天晚上开始，我就否定了这种方法。

像海盗那样，拼命反抗？也不行！一回想起那个血淋淋的场景，我就不寒而栗。

后来，我想起了梅吉多。我们最后一次见面的时候，他的双手长满了茧，那是他辛苦工作的证明。他不但不难过，反而一脸幸福的笑容，看起来非常快乐。嗯，我应该像他那样才对。

可我想不通的是，我和梅吉多一样，在干活的时候都非常卖力，我甚至觉得自己比梅吉多更卖力。可为什么梅吉多能够过着幸福的日子，一步步迈向成功，而我却沦落至此呢？是因为梅吉多比我运气好吗？我继续卖力工作，会得到渴望的幸福和成功吗？

我感到前所未有的困惑。我一边忍耐着，一边苦苦思索这个问题。

几天之后，萨希把我叫了过去。他说，主人派了一个人来，要把我带回巴比伦。

我连忙去把钱袋挖出来，跟着那个人返回主人的家。路上，我发着高烧，脑子里却一刻不停地琢磨，等待我的到底是什么样的命运？

当时，我的心情就像故乡的一首歌谣唱的那样："像龙卷风和暴风雨一样的厄运啊！就这样把人带走了。等待他的将是什么样的命运呢？谁也无法得知。"

我做错了什么事？命运为什么要这样折磨我呢？未来到底还有多少失望和不幸呢？

当我回到主人家的时候，你猜我看到了谁？是你的爷爷，阿拉德·古勒。

他帮我把行李解下来，然后一把将我搂住，那种感觉就像我是他失散多年的亲兄弟一样。后来，我像奴隶应做的那样，跟在他的身后走。他用手搂住我的肩膀，让我跟他一起走。他还说："知道吗？我找你找得好苦啊！我都快要绝望了。后来，我在无意间碰到了施娃丝媞，通过她，我找到了你原来主人的债主，然后又通过这个债主，打听到了你的下落。当得知我想买下你的时候，你的新主人狠狠宰了我一刀，不过这不算什么，我愿意为你这么做。因为你的人生哲理和上进心深深地激励了我，我有今天的成功，与你那番话有直接关系。"

我说："不不不，那番话是梅吉多教我的。"

阿拉德说："哦，没关系。那就算是你们两个人共同的功劳吧！反正我要好好感谢你们。我们一家人正准备到大马士革去，你和我一起走吧！你很快就能重获自由了，看！"

他从怀里拿出一块泥版，上面刻着的是我的名字。这块泥版是奴隶的证明。

随后，他把泥版高高地举在头顶，然后狠狠摔在地上。泥版被摔得粉碎，那一刻，我的眼睛湿润了，我感受到了神明的眷顾，觉得自己是世界上最幸运的人！

现在，你知道了吧？在我最悲惨的时刻，我最好的朋友出现了。正是因为勤勤恳恳地劳动，我才会摆脱修筑城墙的厄运。后来，我结识了你的爷爷，同样是因为欣赏我上进的态度，他才会选中了我，让我成为他生意上的合作伙伴。

听完之后，哈丹问道："这么说来，我爷爷也是因为这个秘诀，才拥有那样辉煌的成就吗？"

撒鲁奈达说："我想是的。自从我们第一次见面的时候起，我就看出他是一个热爱工作的人。正因为他的努力，神明才会眷顾于他，让他成为一位受人尊敬的人。"

哈丹仿佛明白了什么，说："原来如此。我现在才知道，我爷爷之所以会受人敬仰，是因为勤恳工作。是工作让他取得了那些成就。以前，我总以为，只有奴隶才应该去干活。"

撒鲁奈达说："其实，在人的一生当中，可以享受的事情很多，劳动就是其中一种。在我看来，劳动是人生中最大的享受。它不仅仅是奴隶的专属，这不是很好吗？如果只有奴隶才应该去干活，那我人生中的最大享受岂不是要被剥夺了吗？与别的享受方式相比，劳动在我心中的地位是最高的。"

说到这里，他们已经缓缓来到巴比伦的城墙边。当他们从城门经过的时候，城墙上的士兵全都直起身来，向撒鲁奈达敬礼致意。在他们看来，撒鲁奈达是巴比伦荣耀的公民。

撒鲁奈达把头抬得高高的，在他的率领下，商队浩浩荡荡地走进了巴比伦。

走在街市上时，哈丹悄悄地对撒鲁奈达说："其实，我最羡慕的人就是爷爷，可直到今天，我才发现，我并不了解他。谢谢你让我了解了爷爷的过去，还有他成功的秘诀。我对爷爷更加敬佩了，我发誓，一定要像爷爷那样，成为一个了不起的人。我不知道该怎样报答你，不过，从今天开始，你和爷爷的成功秘诀就是我改变的方向。现在看来，这些华丽的衣裳和首饰根本不适合我。"

哈丹一边说，一边摘下身上所有的首饰。然后，他勒住骆驼，恭恭敬敬地退后一步，跟在了撒鲁奈达的身后。

第十一章　巴比伦简史

　　如今的巴比伦只剩下一片废墟，往日的繁华与辉煌都已不再。永垂青史的，唯有巴比伦的文明与智慧。

巴比伦这个城市的魅力，在历史上是绝无仅有的。在巴比伦中，有着数不尽的金银财宝。

在古时候，"巴比伦"几乎是辉煌和财富的代名词。因此，人们多半认为，这个种富饶的城市必定物产丰富，境内有许多森林和矿藏。

但事实并非如此。巴比伦位于幼发拉底河畔，处在山谷之间，不但没有森林和矿藏，就连建筑所用的石头都要从外国运输而来。这里气候极其干燥，所以任何农作物都不适宜栽种。此外，巴比伦也并没有坐落在贸易之路上。

巴比伦利用所有能利用的资源，成就了自身的辉煌，这是人力战胜自然的典型事例。城中的资源也好，财富也好，都是通过人力创造而成。

如果提到自然资源的话，巴比伦唯有肥沃的土地与充沛的水源。通过水坝与大运河，巴比伦的工程师们将河水引进了城中。在此之前，这些宏伟的工程在巴比伦是绝无仅有的，而在整个人类历史上，它也是极为罕见的。有了水利工程的灌溉，处于干涸的山谷之间、贫瘠的平原之上的巴比伦，才得以蓬勃发展。

在巴比伦悠久的历史上，国王的世袭罔替始终非常顺利，外敌侵袭的情况也很少发生。那些为数不多的，贪图巴比伦财富的战争，要么发生在局部，要么被巴比伦战胜。不得不说，这是它非常幸运的地方。

巴比伦的历史上从没出现过好战的君主。与之相反的是，许多卓越的巴比伦君主充满了智慧、公正与上进，因而受万世敬仰和爱戴。

然而，无限辉煌都已成过往，如今的巴比伦早已沦为一片废墟，处在赤道以北，大约在北纬30度，美国亚利桑那州的尤玛市与之在同一纬度。巴比伦遗址位于波斯湾以北，与苏伊士运河东部之间大概相距1 000千米。与尤玛市一样，巴比伦的气候也是酷热干燥。

如今，往日宏伟的都市、肥沃的田地、浩浩荡荡的商队都已成为历史，在这片废墟上，只能看见稀疏的杂草和低矮的灌木。只有少量阿拉伯游牧民族搭起帐篷，在这里继续生活。大概从公元1世纪，也就是基督教诞生之时起，这些游牧民族就开始在此处生活了。

在这片山谷东部，只有几座小山丘。千百年来，许多旅行者对这里的形容都是"荒无人烟"。

此后，由于暴雨冲刷，一些破旧的陶片和砖块露出地面，考古学家才注意到这里。得到欧洲和美国多所博物馆的支持，一些考古学家来到这里，开始进行发掘。后来，经考古学家证实，这里是诸多早已湮没的古城遗址，而古巴比伦就是这些古城中的一座。

历经两千多年的风吹雨打，巴比伦被发掘出来时，早已不复往日的辉煌和绚烂，只剩下不忍目睹的断壁残垣。后来，考古学家们拨开尘封的旧土，才使这座古城的街道和宫殿慢慢地呈现出来。

巴比伦与这片山谷中许多城市一样，都是迄今为止在史料上有明确记载的最古老的文明。对于这一点，很多科学家都持肯定的态度。

通过巴比伦废墟中出土的关于日食的记载，天文学家经过电脑计算，在巴比伦历法与现代历法之间建立了联系，从而得出这些城市存在的确切年代。他们的结论是，早在8 000多年前，这些城市就已经出现了。

经过研究之后，考古学家认为，在8 000多年前，巴比伦帝国的苏美尔人所生活的城市四周是有护墙的。

目前，我们推测的结论是，在此之前的好几个世纪，这些巴比伦人的城市可能就已经存在了。而且，这些居民已经有了文明，并非未开化的野蛮人。从史料的记载中，我们可以得知，人类历史上首次出现的天文学家、工程师和资本家，就是来自巴比伦，不仅如此，巴比伦人还是历史上第一个会书写文字的民族。

通过水利灌溉系统，巴比伦这个处在山谷间的城市拥有了发达的农业，并且因此而成为富饶的乐园。这一点我们在前面提到过。城中大部分运河已经被风沙掩埋，但通过残存的痕迹，考古学家还是发现了一些线索。

在大运河的其中一段，考古学家发现，其河床宽度大约可以容纳12匹马同时并排前进。与美国最大的科罗拉多运河和犹他运河相比，巴比伦大运河的规模毫不逊色。

这些灌溉系统全都出自巴比伦工程师之手，除了这项辉煌的成绩外，他们还有另一项伟大的成就，那就是出色的排水系统。幼发拉底河口与底格里斯河口原来都是一片沼泽地，可是，经过巴比伦工程师的精心设计，这些地方全都变成了肥沃的田地。

公元前400多年，是巴比伦最繁荣的时期。在此期间，希腊的旅游家、历史学家——希罗多德曾到巴比伦游历过。对于巴比伦的风俗人情和农业状况，他进行过细致的描述。他曾提到过，巴比伦土地肥沃，大麦和小麦的收成都非常好。作为一个外国人，希罗多德对于巴比伦的描述，在历史上是绝无仅有且弥足珍贵的。

巴比伦的文明与智慧将永存于世，尽管这座城市如今已经成为一片废墟。虽然当时还没有发明纸张，但通过巴比伦人刻在泥版上的文字，我们获得了许多有价值的东西。

巴比伦人将文字记录在潮湿的泥版上，这些泥版通常长约8英寸，宽约6英寸，厚约1英寸。刻完文字后，他们将泥版烘干，从而保留下来。

和我们当今作记录的方式一样，巴比伦人的记录全都刻在了这些泥版上。其中有历史、传说、故事和诗歌，还有国王的命令、当地的法律法规、产权状况、契约书。他们甚至还将书信刻在泥版上，经信差递送到远方各处。

很多巴比伦人将个人的私事刻在泥版上，因此，通过这些泥版，我们可以窥探到更多情况。其中有一块泥版很明显是属于一位店主人的。他在泥版上刻着顾客的名字，并且记录着，这位顾客用一头母牛换了7袋小麦，有3袋小麦已经付讫，而其余4袋尚未交付。

考古学家是从古城地底将这些泥版发掘出来的，泥版数量多达上万块，可以将多家图书馆装满，而且这些泥版基本完好无损。

与上述成就相比，宏伟的巴比伦城墙才是最负盛名的。古时候，人们将巴比伦城墙誉为世界七大奇迹之一，而且与埃及金字塔相比，巴比伦城墙毫不逊色。

据说，巴比伦历史上建立起第一道城墙的人，是巴比伦王国的缔造者——亚述女王瑟蜜拉米丝。

巴比伦的原始城墙规模如何，我们不得而知，因为现代考古学家一直没有找到相关线索。但我们翻查过早期的记录，上面介绍说，这些城墙全部是由砖石建造起来的，高大约50~60英尺，属于外城廓。在城墙之外，巴比伦人还修筑了一条很深的护城河。

基督降生前600年，纳波帕拉撒国王当政，他下令将原始城墙重新改建，改建后的城墙名气更盛。只可惜，这项浩大的工程还没有竣工时，纳波帕拉撒国王就去世了。后来，这项工程由他的儿子——尼布甲尼撒国王继续督造。在圣经的旧约中，尼布甲尼撒国王是一位非常著名的君主。

关于改建后的巴比伦城墙，历史上对此有很多记载，不过这些记载并非完全可信。经过考证后，我们认为改建后的巴比伦城墙长约9~11英里，甚至在它的在宽度最大处可同时容纳6匹马车齐头并进，高约160英尺，这一高度和我们如今的15层楼的高度十分相近。

如今，雄伟壮丽的巴比伦城墙早已不复存在，墙上的砖石几乎全被后世的阿拉伯人挖走了。我们只能看到墙垣的基座，还有护城河的残迹。

在巴比伦城墙脚下，考古学家们还发现了许多进攻者侵袭的痕迹。当时，许多强大的帝国都对巴比伦王国垂涎三尺，意图攻进城中，抢夺那数不尽的金银财宝。不过，在巴比伦军队的顽强对抗下，这些帝国一一溃败。

据历史学家推测，每一个进攻巴比伦的军队，其规模都很庞大。每发动一场战争，进攻者至少出动1 200个步兵团，而每个步兵团的兵力为1 000人，外加骑兵10 000人左右，战车25 000辆左右。为了筹措粮食和物资，策划战争的路线，一般需要进行2~3年的准备。

巴比伦中既有神殿和皇宫，又有住宅区和商业区。大大小小的商贩穿梭于四通八达的街道上。与现代城市构造相比，巴比伦可谓应有尽有。据说，皇宫是城中禁地，皇宫的围墙比巴比伦城墙还要高。

在绘画、雕刻、编织、黄金首饰设计、金属武器铸造和农业用具制造上，巴比伦人也十分擅长。巴比伦人设计的珠宝饰品精美绝伦，举世无双。在一些富商的墓穴中，考古学家们发掘出大量的珠宝和饰品，目前，这些珠宝和饰品大多收藏在世界各大博物馆中。

远古时期，为了砍断树木，其他民族将石头制成斧头，为了捕猎或对战，他们将打火石削成长矛和箭的形状。然而，在同一时期，巴比伦人就已经掌握了打造金属的技术，他们使用的斧头、长矛和箭，都是由金属打造而成的。

巴比伦的资本家和贸易商举世闻名。在人类历史上，首次货币交易、契约和借据、土地产权证明，都出自巴比伦人。

大概在基督降生前540年，巴比伦终于陷落了。不过，就算在这种情况下，巴比伦城墙依然完好无损。

巴比伦王国的陷落是一个传奇的故事。据说，意图向巴比伦发动进攻的，是波斯王居鲁士大帝。当时，巴比伦当政的国王是纳波尼杜斯。他听取了大臣的谏言，不等居鲁士大帝将巴比伦包围，就率先出城迎战。后来，纳波尼杜斯国王落败。他逃走之后，波斯王居鲁士大帝闯进了巴比伦，将城中财物洗劫一空。

此后，巴比伦的威望和繁荣逐渐衰落，几百年后，巴比伦帝国彻底覆灭。

如今，巴比伦神殿的围墙已倾颓，在这片废墟之上，再也寻不到往日的繁华与辉煌。永垂青史的，唯有巴比伦的文明与智慧。